呼伦贝尔市小麦高产精准栽培模式

呼伦贝尔市农业技术推广中心 主编

中国农业科学技术出版社

图书在版编目（CIP）数据

呼伦贝尔市小麦高产精准栽培模式 / 呼伦贝尔市农业技术推广中心主编 . -- 北京：中国农业科学技术出版社，2025.1. -- ISBN 978-7-5116-7279-7

Ⅰ . S512.1

中国国家版本馆 CIP 数据核字第 20252BB740 号

责任编辑　李冠桥
责任校对　王　彦
责任印制　姜义伟　王思文

出 版 者	中国农业科学技术出版社
	北京市中关村南大街 12 号　邮编：100081
电　　话	（010）82106632（编辑室）（010）82106624（发行部）
	（010）82109709（读者服务部）
网　　址	https://castp.caas.cn
经 销 者	各地新华书店
印 刷 者	北京捷迅佳彩印刷有限公司
开　　本	140 mm×203 mm　1/32
印　　张	3.625
字　　数	70 千字
版　　次	2025 年 1 月第 1 版　2025 年 1 月第 1 次印刷
定　　价	40.00 元

版权所有·侵权必究

《呼伦贝尔市小麦高产精准栽培模式》编委会

主　编　包立达

副主编　赵育国　　王丽君

编　者　（按姓氏笔画排序）

丁继伟	王　铠	王　璐	王亚立
王红霞	王利彬	王思远	王洪胜
王景娇	冯　慧	曲　鸽	吕光平
乔　榛	刘　威	刘　健	刘思奇
刘铁柱	杜永春	李　志	李金龙
李洪波	肖　健	吴那木拉	吴忠信
何　枫	谷永丽	谷雪菲	辛宝胜
宋佳泽	张　鹏	张　鑫	张传玲
张志青	陈广平	罗　方	周　璇
孟　伟	封慧戎	赵双龙	胡戎朔
南依诺	查干巴拉	修仁龙	姜　楠
姜英君	敖丹高娃	聂丽娜	徐　鑫
徐雪梅	高丽丹	郭　健	郭正扬
郭建靖	唐存喜	康　林	提俊阳
董文斌	焦玉光	靳海宇	廉　博
颜金达	魏晓军		

序 言

  内蒙古自治区呼伦贝尔市作为我国东北春麦区的重要小麦产地,历年来小麦播种面积持续稳定在300万亩[①]以上,总产量保持在16亿斤[②]以上水平,主要分布在牙克石市、额尔古纳市、陈巴尔虎旗等大兴安岭以西各旗市区。呼伦贝尔市小麦平均单产水平常年在260 kg/亩左右,与高产地区比,还存在一定的差距,因此,在本地区小麦单产提升上找到途径,打破规律,迫在眉睫。一方面根据本地区目前小麦生产现状分析,要想进一步提高单产水平,有两个途径可以探索,一是完善灌溉设施,实现水肥一体化精准调控;二是细化栽培模式,通过精细化耕作来避免和减少损失,从而提升单产水平。由于本地区为传统旱作农业区,因此水肥一体化的全覆盖还需要一个漫长的过程,而细化栽培模式是最直接也是最好实现的一项提单产措施。另一方面呼伦贝尔地区小麦种植主要有两种经营方式,一是呼伦贝尔农垦集团所属农牧场有限公司种植经营,栽培措施相对

---

① 1亩约为667 m²,全书同。
② 1斤为500 g,全书同。

规范；二是各类农业新型经营主体，各自为战，栽培措施有待完善。

通过以上两点，我们可以看出资金、物资、人员相对不健全的农业新型经营主体种植小麦各项技术措施急需完善，而精细化栽培又是我们在日常生产中容易忽略的问题，不规范的操作、不能按时完成的各项农艺措施严重制约着新型经营主体小麦单产水平。本书从整地、播种、田间管理、收获、运输及种子田生产等小麦种植的各个环节细化完善了小麦栽培措施，能够有效指导各类从事小麦种植的农业新型经营主体提单产、增收益。

编 者
2024 年 7 月

前　言

　　为规范呼伦贝尔市的小麦栽培技术措施，加强新型经营主体生产管理，提高农民科学种田水平而编写本书。

　　本书为各类从事小麦种植生产的农业新型经营主体种植小麦的重要参考，特殊年份，常规栽培措施不适用；种植户可根据天气条件适当调整各项措施的实施时间，确保各项栽培措施切实有效。

　　在生产中遇到未曾发生过的病害、虫害、草害，应及时与农业农村部门沟通，了解相应防治方式。

　　各新型经营主体在生产前请仔细阅读本书，了解附录中所介绍的小麦品种及适用农药信息，避免盲目使用。

编　者

2024 年 7 月

目 录

一、种植地块选择 ·· 1

二、小麦拌种及种肥 ·· 2

   （一）种子处理 ·· 2

   （二）小麦种肥 ·· 3

三、机械准备与整地 ·· 4

   （一）播种机械准备 ·· 4

   （二）播前整地 ··· 10

   （三）种子、化肥准备 ··· 11

四、播种 ·· 11

   （一）播种前播量调试 ··· 12

   （二）播深调试 ··· 12

   （三）播种机械作业要求 ······································· 13

   （四）播后镇压 ··· 13

   （五）播种进度 ··· 13

   （六）播种中机械检修 ··· 14

五、补种和机械检修 ··· 14

   （一）播种结束 ··· 14

（二）机械保管 ………………………………… 14

六、田间管理 ………………………………………… 15
（一）压青苗 ……………………………………… 15
（二）一喷三防（方案1）………………………… 16
（三）一喷三防（方案2）………………………… 17
（四）药剂选择 …………………………………… 18
（五）节水灌溉 …………………………………… 20
（六）促早熟 ……………………………………… 20

七、小麦割晒及收获 ………………………………… 21
（一）收获前准备 ………………………………… 21
（二）割晒 ………………………………………… 25
（三）拾禾收割 …………………………………… 27
（四）联合收割 …………………………………… 28
（五）车辆运输 …………………………………… 29
（六）场院工作 …………………………………… 30
（七）秋收后机械封存 …………………………… 32

八、收获后整地 ……………………………………… 33
（一）整地时期 …………………………………… 33
（二）联合整地质量要求 ………………………… 33
（三）翻地质量要求 ……………………………… 33
（四）耙地质量要求 ……………………………… 34
（五）整地质量基本要求 ………………………… 34

（六）整地机械封存 ··· 35

附录 1 本地区小麦常用品种简介 ································· 36

附录 2 本地区小麦常用农药简介 ································· 58

附录 3 本地区小麦常见病害及其防治 ··························· 84

附录 4 本地区小麦常见虫害及其防治 ··························· 94

附录 5 小麦种子田管理方案 ····································· 101

一、种植地块选择

呼伦贝尔市小麦传统种植区地处大兴安岭丘陵旱作春麦区，为内蒙古自治区稳产麦区。播种面积占全区小麦播种面积的25%左右，总产占全区小麦总产的1/3以上，在内蒙古小麦生产中占有重要的地位。目前呼伦贝尔市各类新型经营主体在小麦种植中需要解决的问题是：麦田物质投入不足，耕作粗放，土壤肥力下降；水土流失加剧，造成表层黑土"危机"；缺少高产、优质的小麦品种，特别是缺乏专用型小麦和高抗穗发芽的品种。因此，呼伦贝尔市小麦生产的主攻方向是增加小麦生产的科技含量，充分利用本地资源优势，大力发展优质专用小麦产业，努力提高单产水平。

小麦种植地块选择要点如下：

一是尽量减少小麦连作重茬，连作会加重病害，即使不能在作物上有效倒茬，也应在品种上进行轮换。

二是对上年产生病害的地块，应进行合理倒茬，并对该地块的整地水平进行提高，精耕细作。

三是对易感病品种应种植在上年秋天整地质量好的地块，对赤霉病易感品种，如津强7号等应避免种植在低洼地。

四是林带附近地块应种植抗病品种。

五是对产生过根腐病、全蚀病的地块,应进行标准更高的秋整地,如上年病情严重,可在秋季采取适当的药剂拌土进行防治。

六是对土壤结构、土壤质量好,有机质含量多的地块进行秸秆还田;对病害严重地块、土壤质量不好地块,可将麦秸打捆清理,剩余秸秆进行细致粉碎,此类地块应尽量轮作倒茬,减少小麦连作。

七是补种地块以早熟、抗旱品种为主。

八是小地块的沙包地,以及历年来特别干旱的地块,可种植克春系列等抗旱品种。

二、小麦拌种及种肥

(一)种子处理

1. 种子精选

种子要100%进行机械精选,精选标准需达到发芽率≥85%,纯度≥98%,籽粒饱满、均匀一致。播种前要在第一个回暖期提前晒种2~3天,打破休眠,促进种子萌动,提高发芽率,增强发芽势。

2. 拌种包衣

以防病(根腐病、黑穗病等)、防地下害虫(地老虎、蛴螬等)和防倒抗旱为主。拌种配方:

(1)6%戊唑·福美双30~33 g/亩+60%吡虫啉5 g/亩

（或 10% 吡虫啉 25 g/亩）+ 麦业丰 5～6 g/亩 + 硕丰 481 5 g/亩。

（2）4% 咯菌腈·噻霉酮 20 mL/亩 + 60% 吡虫啉 5 g/亩（或 10% 吡虫啉 25 g/亩）+ 麦业丰 5～6 g/亩 + 硕丰 481 5 g/亩。

（3）25 g/L 咯菌腈 20 mL + 60% 吡虫啉 5 g/亩。

（4）25% 戊唑醇可湿性粉剂 20 g/亩、10% 吡虫啉可湿性粉剂 20 g/亩、皓达腐殖酸 5 g/亩、麦叶丰 5 g/亩。

拌种应采用专业拌种设备，不应采用简易组装的导流管与搅拌机连接的方法。拌种后放置 10 h 以上，使药剂充分均匀分布于种子上。播种前应提前拌种，不应边拌种边播种。拌好的种子应分品种、分拌种日期进行堆放，下加楞木、上加苫布。保证灌装种子袋皮的完整，对于有破损的袋皮坚决杜绝使用。根据天气定时进行倒堆通风，防止麦种生芽霉变。

（二）小麦种肥

土地种肥施入纯量为：

N：4.20 kg/亩   P：2.61 kg/亩

K：1.24 kg/亩   C：0.80 kg/亩

C∶N=19∶100   N∶P_2O_5∶K_2O=1∶1.425∶0.357

合埋比例：N∶P_2O_5∶K_2O=1∶（1.0～1.2）∶0.3

商品施用量：

尿素（含氮量≥46.4%）：4 kg/亩

磷酸二铵（总养分≥64.0%）：13 kg/亩

硫酸钾（氧化钾≥50.0%）：3 kg/亩

对盐碱地、沙岗地、白浆地：尿素4 kg/亩、磷酸二胺10 kg/亩、硫酸钾2 kg/亩。各地区还应根据品种、地形、土壤养分情况进行肥量的微调，降低磷肥施用量。

有水泥晒场的经营主体拌肥，使用搅拌机。拌后化肥要按拌肥日期进行堆放，下加楞木、上加苫布。保证灌装袋皮质量，杜绝使用破损袋皮。根据天气定时进行倒堆通风，防止化肥变质。

三、机械准备与整地

（一）播种机械准备

播种前将所有机械设备的照明设备检修到位，并增加探照灯，保证照明质量，避免需要抢播时，夜间作业照明能见度达不到作业要求。

1. 大马力机车

播前对播种机和大马力机车（图1、图2）进行检修，对轮胎磨损严重的机械应督促作业机组及时更换；对机车液压系统进行检查，对车辆油路畅通情况进行检查，对机油、空气滤芯进行更换；对各轴承、连接处等活动部件重新加注润滑油；对车内空调系统进行检修，保证作业人员的身体健康；如农机门锁损坏，应及时更换修理，保证作

三、机械准备与整地

图 1　播种机

图 2　大马力机车

业安全;农机扬声器必须完好,机车起步前要鸣笛,确保安全。

2. 播种机

(1)播种前对播种机(图3)进行检查,对于老旧约翰·迪尔三联平播机,在播种前应利用矿泉水瓶(去掉瓶口)或用布袋分别挂在各排种口、排肥口,进行播量检查,如各口下种、下肥量不同,对调节齿轮、排种轮、排肥轮、调整丝杠进行检修更换,保证播种量的精确。

图3 播种机

(2)对播种机划行器进行检修,无法检修的进行更换,保证播种整齐度。

(3)对种箱、肥箱完整度进行检查,如有漏洞进行堵漏或焊接。

(4)对播种机轮胎进行检查,如老化严重,及时更换。

(5)对播种机开沟器进行检查调整,保证其整齐一致,回土完整，如有破损及时更换，对开沟器间隙过大的要调整好。

（6）对排种、排肥软管进行全面更换。

（7）对排种、排肥软管上下座进行加固或更换，防止漏种。

（8）检查排种、排肥管在开沟器体中的位置，防止淤泥、黏土堵塞。

（9）对播种机后部脚踏板进行加固，防止作业中安全事故的发生。

（10）对播种机牵引架进行加固，防止陷车时播种机损坏。

（11）对各个活动部位进行润滑剂加注。

（12）对播种机后部牵引回土环进行检查焊接。

（13）按播种机形状准备好播种机苫布，要求完整无破损。

（14）对轮胎轴承、传动齿轮、链条进行检查维修，保证播量精确。

如旧约翰·迪尔三联平播机损坏程度严重，无法检修，则春播前及时进行更换。对于平地较多的经营主体建议采购通用机械缩垄增行深播。

3. 运输机械

（1）对运输车辆（图4）损坏部件进行更换，着重检查维修发动机、变速箱、气泵、气阀、离合器片、刹车片、刹车盘等重要部件，保证作业安全。对蓄电池进行充

图 4　收割机与运输车辆

电及加注蒸馏水。

（2）检查运输车辆大箱完整度，进行堵漏焊接，加装底层苫布。并按大箱型号准备适宜遮盖苫布。

（3）对车辆轮胎进行检修，磨损严重及时更换。

（4）各活动部件加注润滑油。

（5）对各种天气类型下各运输车辆的运力进行统计，方便播种或收获时随时对车辆进行调配。

（6）对车辆每千米耗油量进行测量，掌握数据，便于生产物资统计。

（7）如有车辆损坏严重，在春播前及时进行更换。

4. 镇压器

（1）对镇压器（图5）串联轴进行检修，固定不牢的

三、机械准备与整地

图 5 镇压器

两侧加装木瓦。

（2）对镇压器连接处进行加固，对牵引架进行加固。

（3）对液压镇压器的液压油缸进行检修。

（4）镇压磙磨损严重的，达不到镇压效果的，及时更换镇压磙。

5. 晒场机械

（1）配备铲车的农场对铲车进行检修，保证其作业状态。

（2）对输送带数量、状况进行统计、检修，输送带焊接安全护栏，防止安全事故。

（3）对搅笼数量、状况进行统计、检修，对破损的叶片及时更换，对有弯曲度的叫片轴进行校准，对电机进行检修。

（4）对晒场、办公区电路进行检修，防止火灾。

（5）对晒场进行清理，排除不安全因素。有库房的农场，对大库进行清理，消除安全隐患。

（6）检查油罐、水罐情况，进行堵漏焊接。对油罐中的油进行测量记录，检修加油设备。

（7）检查场院排水系统，如排水不畅，及时进行整修，清理排水沟。

（8）检查农场防火工具及车辆，不健全的及时补齐，并安排专人管理，要安排备用人员，让农场作业人员熟悉灭火机的使用与维护，灭火机配备备用油料，密封并定期更换。

（二）播前整地

播种整地前应准备好机械，对耙片完整度、耙片耙土深度、液压油缸状态、耙后耢子完整度进行检查修理。用树枝或扫帚制作条耢子，重量应适度。

播前土地情况良好，上一年采用联合整地机深松，播种前土地较平整能达到播种要求的地块，可用小条耢子耢完后直接播种。

播前土地情况不好，上一年整地未达标或雪融水冲刷地块，应根据情况用液压耙或者轻耙后加小耢子进行耙耱。土地仍不能达到要求可用条耢子耢一遍找平。

对于免耕地，地表秸秆较多，可用轻耙然后行耢地，切断秸秆。

（三）种子、化肥准备

1. 种子

根据播种计划，盘点种子数量、质量及品种，对各品种进行取样，做发芽试验，建议采用毛巾卷进行试验。检查种子堆放情况，保证种子储存安全。

2. 化肥

根据播种计划，盘点化肥数量、质量及品种，做好防雨、防潮处理，对已经拌种的种子同未拌种的种子进行分离，避免忙中出错，清种下地。

四、播种

新型经营主体应组织农场工人进行春播动员，并将播种计划下发有一定文化水平的工人、组长等，起到互相监督的作用，避免工人盲目执行。做好安全防火等宣传工作。

所有准备工作完成后根据天气、土壤情况，选择适当时间开始播种（图6）。合理安排播种顺序及地块。适期早播，保证播种质量。气温稳定通过0℃后7天进入播种期，一般在4月下旬至5月上旬进行。播种时做到精量下种，落籽均匀，压后播深4～5 cm，深浅一致，播行匀直，不漏播，不重播，提高田间出苗率。依据种子发芽率做到合理密植，适宜亩保苗为45万～48万株，亩成穗为41万～44万穗。保证应达到的基本苗数，精确播种量。

图 6 播种

(一) 播种前播量调试

播种前必须进行各个品种的播量调试,每播一个品种或更换路途较远的地块均应重新调播量。播量要求精确,调整后检查米间落粒与设计保苗数据间误差是否合理。对岗地、坡地、低洼地应根据实际地形情况、土壤状态进行播量的上下浮动。

(二) 播深调试

根据天气情况,有旱情应适当增加播深,播种深度控制在 5 cm,镇压后达到 4~5 cm(播深镇压后切记不超过 5 cm)。要求作业机组根据地块的坡度控制车速,保证深度。播后,技术人员应多点测量播深,保证播种质量。石头较多的地块不宜过深。

(三)播种机械作业要求

要求机械播种不重复、不漏播,播向笔直,播幅整齐,做好保护行。播种机播完种、肥返回地头加种、肥时做好标记,防止漏播。每箱种、肥添加间隙,作业机组应及时检查播种机状态,各排种、排肥系统是否畅通和破损,如遇破损及时停播更换,防止种、肥损失。应求质量,不应求速度。土壤湿度大的地块,暂不播种。

(四)播后镇压

播后应及时镇压,不宜间隔时间较长,要求镇压紧跟播种,防止跑墒,但不能湿地镇压。及时检查镇压质量,测量镇压后种子深度、肥料位置。控制镇压速度,防止种子外露。

(五)播种进度

每日汇总小麦播种进度,及前一天播种中所遇到的问题。根据播种进度核对所用种、肥量,剩余种、肥量,已播种面积,剩余播种面积等情况,进行合理安排,如发现误差较大,应立即停播,查找原因,发现并解决问题后方可继续播种。根据天气情况合理安排播种进度,避免雨天作业,避免因连阴雨造成的播种进度迟滞。技术人员每日观看、查询天气预报并做好记录。对各地块播种时间进行严格记录和质量检查验收,便于播后观察出苗情况。

(六)播种中机械检修

播种中如遇播种机械故障,立即停车快速检修,避免机械带病作业。如遇到重大故障,及时上报有关部门,并做好事故记录。如遇所需配件不能及时到位等问题,应及时调整播种进度。应配备应急检修小组,如遇问题,要及时有效地进行处理。

五、补种和机械检修

(一)播种结束

待最后一块地播种完成后(图7),如有剩余种、肥要进行清点记录,并妥善保管,将机械设备全面检修,保证作业状态良好,以便出苗后有严重缺苗地块时及时进行补播作业。播种后每日观察种子发芽情况及出苗情况。如发现病虫害迹象,可根据本技术模式中给出的解决方案及时解决。

(二)机械保管

压青苗后,对播种机械(播种机、条耧子、液压耙、轻耙、镇压器、搅笼、输送带、拌种机械等)进行检修,并加注润滑油，对液压系统、油路系统进行拆解用油布包裹，电机等电路系统可拆解的进行拆解封箱存放，机体用苫布进行包裹，有大库的农场入库，无大库的农场用苫布对机械进行无死角包裹，就地封存。

图7 播种完成后的地块

六、田间管理

（一）压青苗

待全田小麦80%达到2叶1心期时开始压青苗（图8），车速不宜过快，防止叶片出现严重伤口，使病原体通过伤口侵入，导致病害。应将压青苗开始时间及动态数据及时记录。技术人员及时检查压青苗质量。如有特殊原因导致产生超过5叶期仍未压的地块时，技术人员对地块进行勘察，做出结论后再进行作业。

图 8　压青苗

（二）一喷三防（方案1）

可根据不同用途新型农药更换相应药剂，由于近年来农药更新较快，以下方案仅供参考。图9为机械喷洒农药。

1. 第一遍（3～5叶期）

72% 2,4-D丁酯乳油10～15 g/亩（兑水30 kg）、10%苯磺隆可湿性粉剂8 g/亩（兑水15 kg）、10%炔草酯乳油30 g/亩（兑水20 kg）、麦叶丰乳油45 g/亩、有机硅水溶剂2 g/亩。

2. 第二遍（拔节期）

50%多菌灵可湿性粉剂30 g/亩+45%咪鲜胺乳油

30 g/亩（兑水 40 kg）、98% 磷酸二氢钾可湿性粉剂 100 g/亩（兑水 40 kg）、小颗粒尿素 250 g/亩、有机硅水溶剂 2 g/亩。

3. 第三遍（扬花期）

25% 氰烯菌酯乳油 60 g/亩、98% 磷酸二氢钾可湿性粉剂 100 g/亩（兑水 40 kg）、小颗粒尿素 250 g/亩。

图 9 机械喷洒农药

（三）一喷三防（方案 2）

可根据不同用途新型农药更换相应药剂，由于近年来农药更新较快，以下方案仅供参考。

1. 第一遍［分蘖期（4 叶）］

72% 2,4-D 丁酯乳油 50～60 mL/亩（兑水 30 kg）、80% 绿磺隆可湿性粉剂 3 g/亩（兑水 10 kg）、10% 炔草酯乳油 30 mL/亩（兑水 20 kg）、小颗粒尿素 500 g/亩、皓达腐殖

酸有机肥水溶剂 40 g/亩、有机硅水溶剂 2 g/亩（3～4 叶期撒肥机追施尿素 2.5～3 kg/亩）。

2. 第二遍（拔节期—抽穗期）

50% 多菌灵可湿性粉剂 30 g/亩 +40% 戊唑醇可湿性粉剂 20 g/亩（兑水 40 kg）、50% 矮壮素乳油 170 g/亩（兑水 50 kg）、45% 高效氯氰菊酯乳油 20～40 mL/亩（兑水 40～50 kg）、皓达腐殖酸有机肥水溶剂 40 g/亩、有机硅水溶剂 2 g/亩。

3. 第三遍（抽穗期—成熟期）

扬花期单喷（旱年份控制在扬花期前喷完）25% 氰烯菌酯乳油 50 mL/亩（兑水 40 kg）、98% 磷酸二氢钾可湿性粉剂 150～200 g/亩（兑水 40 kg）、小颗粒尿素 250 g/亩、有机硅水溶剂 2 g/亩。

（四）药剂选择

可根据采购途径及药品价格自行更换各类病虫草害防治药剂。

1. 禾本科杂草灭除配方

（1）8% 炔草酯 80～100 mL/亩（或 15% 炔草酯 25～40 mL/亩或 24% 炔草酯 20～25 mL/亩）。

（2）70% 氟唑磺隆 3 g/亩 +24% 炔草酯 15 mL/亩。

2. 阔叶杂草灭除配方

（1）15% 噻吩磺隆 8～15 g/亩（或 75% 噻吩磺隆 3 g/亩）+77% 2,4-D 异辛酯 15～25 mL/亩（或 90% 2,4-D 异

辛酯 20 mL/亩）。

（2）56% 二甲四氯钠盐 40～50 mL/亩 +42% 二甲氯氟吡氧乙酸 20～50 mL/亩。

（3）42% 二甲氯氟吡 60～70 mL/亩。

（4）48% 麦草畏 20 mL/亩 +77% 2,4-D 异辛酯 15～18 mL/亩。

（5）42% 双氟滴辛酯 60 mL/亩 +50 g/L 双氟磺草胺 6 mL/亩 +56% 二甲四氯钠盐 20～30 g/亩。

3. 病害防控配方

（1）30% 戊唑·噻森铜 25～40 mL/亩。

（2）27% 戊唑·噻霉酮 20～30 mL/亩。

（3）25% 吡唑·嘧菌酯 20～30 mL/亩。

（4）45% 唑醚·戊唑醇 15～20 g/亩。

（5）30% 苯甲·丙环唑 50 mL/亩。

（6）30% 戊唑·咪鲜胺 50 mL/亩。

（7）25% 氰烯菌酯悬浮剂 100～200 mL/亩。

（8）40% 丙硫菌唑戊唑醇 30 mL/亩。

（9）48% 氰烯菌酯戊唑醇 50 mL/亩。

（10）15% 噁霉灵 30 mL/亩。

4. 虫害防治配方

当田间大面积出现草地螟和黏虫时，用 10% 高效氯氟氰菊酯 5 mL/亩灭杀，可添加有机硅 2～3 mL/亩提高药效，注意避免雨期作业。

（五）节水灌溉

有灌溉设施的地块应积极采用灌溉设施补充灌溉。小麦全生育期土壤含水量应始终保持在25%～30%，喷灌机需根据天气预报和土壤含水情况随时补充灌溉，每次灌水必须灌足，保证灌溉质量。需特别关注3个时间节点：一是播种前后的出苗灌溉，二是拔节的营养生长灌溉，三是抽穗后的生殖生长灌溉。

（六）促早熟

小麦抽穗后依然疯长，未有效从营养生长转化成生殖生长应喷施药剂进行促早熟。

1. 根据生长情况喷施

98%磷酸二氢钾可湿性粉剂100 g/亩+40%乙烯利水剂40 mL/亩（兑水60 kg）。

2. 拔节前配方

20%多唑·甲哌鎓35～45 mL/亩，化控1～2次。

3. 挑旗孕穗期配方

茎壮灵25 mL/亩。

喷药机使用前，用矿泉水瓶绑在每个喷头上，测量各喷头喷药量是否一致，药量是否充足，未达标的喷头及时更换。检查喷药机驱动系统，保证四驱均可使用。车速不宜过快，超过3级风，不宜喷药，加药应分别加，粉剂、乳油用水充分稀释后再加入药机。喷药用水尽可能选用大河流水。

七、小麦割晒及收获

（一）收获前准备

小麦生长中后期（6—7月），根据本场情况统计所需割晒机、收割机数量及型号，统一雇用割晒机、收割机（图10），保证作业机具尽量一致。

图10 收割机

收获机械在秋收开始前一周应到达农场，技术人员应及时督促各割晒机、收割机作业机组检修机械，使其达到作业状态（本场自有机械，要求本场机工提前检修本场割晒机，如有需更换重要部件，及时进行采购），监督其联合割台工作状态，便于无法割晒时及时启用联合割台。

对运输车辆进行提前检修，保证其正常作业状态，并对大箱进行堵漏，准备各车苫布，计算各车运力，根据本场配备的收割机数量，分配作业组。

检查农场所有车辆防火措施，尤其是排气管防火帽，防止高温引燃收获后的麦秸。

对场院进行清理，做好进粮准备。准备各品种、各个含水量的小麦分别堆放的位置，并做好清粮准备。单独准备清选存放种子的位置，必须隔离，防止品种混杂。

对清粮机、搅笼、输送带、扬场机等进行检修，清理内部杂物，达到作业状态。有精选机的农场，对精选机进行试机，如无法使用，联系厂家及时进行检修。对灌装设备、挂线杆等简易设施进行焊接加固。保证农场有 4 个以上可以使用的缝包机，储备缝口线、润滑油等。

有烘干塔的农场检查其是否可以使用，协调技术人员到场检修。清理烘干塔内部杂物，防止火灾，收获后如小麦含水量过高，并遇连阴雨天气，联合收获小麦过多，可适当对小麦进行烘干，控制好温度，不宜过高，严格监视，防止堵塞。秋收前农场成立秋收烘干小组，配备专职司炉工、专职监视人员和专职倒粮人员，进行两班倒，保证烘干期间 24 h 值守，严防火灾事故。

在秋收前将测水仪器统一校准，保证粮食水分测量的精确度。

为工人准备防护设备：帽子、手套、口罩、防尘面罩、防护眼镜等，保证人员健康。

七、小麦割晒及收获

提前准备好粮食包装袋，检查包装袋完整度，对破旧、有漏洞的坚决予以销毁，种子、高品质小麦严禁使用化肥包装袋进行灌装。

秋收前还应做好整地机械的检修，秋收前汇总所需整地机械统一调配。对本场整地设备进行润滑油加注、检修并试机。

1. 犁

检修大犁，对犁铲、犁刀磨损严重的及时进行更换，大犁加装合墒器，保证回土及土地平整度。对液压系统进行调试检修，保证大犁水平，达到作业状态。相邻两铧重耕耕幅≤10 mm，各铧刃尖在同一水平面上，偏差≤5 mm，铧体工作幅宽小于设计幅宽的2.5%。一定要保证犁刀、犁铲锐利（图11）。

图11 犁地

2. 耙

对磨损严重或超限磨损的耙片进行更换；刮泥板缺失超 3 cm，对刮泥板进行更换；刮泥板耙片间隙超限 5 cm，对耙片进行更换。对耙后耢子进行加固，对液压耙液压系统进行检修。对牵引架进行加固。调整好耙后耢子，检查好各个耙片质量（图 12）。

图 12　耙地

3. 联合整地机

对深松钩的钩产、钩尖磨损严重的进行更换，对耙片进行检修更换，对碎土辊进行调试，对液压系统进行调试，并整机进地调试，保证作业深度及作业质量，有联合整地监控系统的，提前安装，并进行试机，如无法正常使用，联系维修人员进行修理调试。根据联合整地机型号配备农

七、小麦割晒及收获

机,如凯斯系列整地机均应配备380马力以上大马力机车,以达到所需整地深度。作业前调试时,深度应达到34 cm,保证平均深度达到30 cm。作业时保证碎土滚作用,使地表不出大块坷垃(图13)。

图13 联合整地机

4. 大马力机车

对本场大马力机车进行检修,防止作业过程中出现严重机械故障,老化部件及时更换。

(二)割晒

1. 割晒时期

在小麦乳熟末期—蜡熟初期;小麦生长天数接近或达到生育期最低限时;全田60%小麦达到成熟期;含水量不低于15%时进行割晒(含水量过低,应进行联合收割),干旱年份,小麦生育期及生长情况异常,可根据天气及小麦生长情况适期早割。

2. 割晒质量

要求割后麦茬高度在15～18 cm，铺子角度为55°～60°，铺子厚度在8～12 cm，铺子宽度在100～120 cm，割行成一条直线，割倒铺子均匀、整齐、无集中堆积成包情况（尽量做到宽而薄，麦穗均匀分布于铺子上）、薄厚适中，不漏割，接幅整齐，割后麦茬高度均匀，割晒损失率不超过未收获前小麦实际产量的0.1%（米间落粒不超过6粒）。田中无杂乱现象。对下年要免耕的地块，小麦割茬在15 cm左右（图14）。

图14　割行

3. 割晒时期天气

应及时查询天气情况，不宜在雨天割晒，不宜在连阴雨前割晒。

4. 割晒后晾晒时间

正常年份，正常天气情况下，晾晒3～5天，小麦可完成完熟期，种子含水量也可接近安全水分，可以拾禾收获。如遇阴雨天气，晾晒时间将拖延至7～12天，晾晒时间过长易导致小麦生芽、发霉，严重影响产量，因此如天气预报近期有连阴雨，应及时组织抢收。

5. 横头窄的地块

割晒时要先打横头埂，大面积割晒时，先将横头埂收回来。

（三）拾禾收割

1. 拾禾时期

对麦铺进行含水量测定，籽粒含水量下降到16%以下时应及时进行拾禾（图15），开收第一车时，对收割机粮仓中籽粒进行含水量测定，如正常可进行拾禾，如高于20%，立即停车。如遇到连续阴雨天气，应适时提前拾禾，进场院或库房进行晾晒。

2. 拾禾要求

拾禾脱粒损失率不得超过未收获前小麦实际产量的0.2%（米间落粒不超过10粒），不漏收，不得有整穗全部未脱粒麦穗出现，出现漏收情况，作业机组根据漏收情况及时采用人工或机械收获进行补救。收获后麦秸全部粉碎,避免出现未被粉碎的整株麦秆(需要麦秸打捆的除外)。

图 15　拾禾

(四)联合收割

1. 联合收割时期

根据小麦情况进行判断,如口松,割晒前遇到连阴雨或干旱年份,小麦植株高度过低,低于 70 cm,或在未进行割晒时,小麦种子含水量已经在 15% 以下,不宜进行分段收割,应采用联合割台进行收割。对于活秆成熟及早熟品种,为缓解秋收割晒压力,也可进行联合收割(图 16)。联合收获在小麦完熟中后期进行。

2. 联合收割标准

驾驶员应穿紧身服装,避免安全事故。收获前进地进行试收调整机械状态。雨后、早晨露水大时不能作业,收获后小麦含水量在18%～22%。联合收割适合植株高度在70～120 cm，超过120 cm适当留高割茬，低于70 cm，适当降低割茬，并可酌情加快收割速度。穗幅高于25 cm，应使用全喂入式收割机械。联合收割倒伏小麦，应使用扶禾装置，选择相宜的收割方式、速度、手段等方法协调解决。收割机粮仓装满后，速度不宜过快，在8 km/h以下。做到收净、脱净，不丢穗，不撒粮。脱粒损失率不得超过未收获前小麦实际产量的0.3%（米间落粒不超过12粒），破碎率低于1%，清洁率低于95%。

图16 联合收割

（五）车辆运输

收割中，收割机司机应时刻注意收割机粮仓中粮食位置，粮仓满后，及时卸粮，运输车辆（图17）严禁碾压未拾禾的麦铺,收割机应返回地头卸粮。卸粮时,运输车辆司机应用铁锹等工具及时均匀平铺大箱中粮食,并人为拉住卸粮筒苫布,防止洒落。卸粮后,司机及时检查车辆封闭情况,途中需下车检查2次是否漏粮。不得出现车斗成流流粮现象。装卸不同品种或种子田粮食前,司机应彻底清理车斗,防止混杂。阴天车辆需要加盖苫布。运输车速严禁超过60 km/h。司机每日收获结束,对车辆进行检修,保证第二天正常作业。

图17 收割机与运输车

(六)场院工作

1. 进粮安排

进粮后,应按秋收前准备的各品种位置进卸粮,进场院时，对各运输车辆粮食进行含水量测定，差异大的，分堆处理，含水量超过20%进行室外集中晾晒。含水量低于14.5%的经过清粮后，可进行灌装。进场院粮食经过适度晾晒后，尽快清粮，清理后再进行晾晒，去除杂物对粮食水分的影响。未进行灌装的粮食要适时进行倒堆，防止粮食发霉、生芽造成捂粮。

2. 种子田粮食处理

种子进场院后先进行隔离晾晒，清粮前，对清粮机进行彻底清理，先用普通清粮机进行清理，再用清选机进行2次清理，如仍有杂质，再进行3次精选机清理。清理期间，隔离清理。清理后隔离晾晒，达到安全水分14%以下时方可灌装。并选择通风良好的位置进行码放，下加楞木，上加苫布，防止受潮变质，影响种子发芽率。待种子全部处理完成后，及时对种子进行调运。

3. 种子清选

种子要求经过适度晾晒后先进行清选，再进行晾晒，种子堆厚度要≥5 cm，晾晒时种子不易摊得太薄。清选后进行含水量测量、记录，并进行晾晒。清选后如杂质仍较多，进行2次清选，清选后的种子要求净度在99%以上，纯度99%以上，发芽率85%以上，含水量14%以下。对不达标种子进行再精选，如接近标准未达标，可暂时储存在本场大库内，由技术人员勘验后进行具体安排。

4. 灌装及储存

清粮后，籽粒净度大于95%，容重大于等于750 g/L方可灌装（一等 810 g/L、二等 790 g/L、三等 750 g/L）。未达到 14% 含水量以下的种子严禁灌装，对清选后的粮食进行水分测定，如未达标，继续晾晒，经过长期晾晒后水分仍过高的，启用烘干塔，农场烘干小组及时上岗进行温炉，及时进行烘干作业，作业中烘干组成员责任心要强，严防火灾事故出现。没有配备烘干塔的农场，如经过15天以上晾晒，水分仍下降不显著，可临时灌装后，运输到商用烘干塔进行烘干。灌装后应对每个堆进行抽样测定含水量，粮食堆放时，堆下必须垫楞木，尤其是新建厂房，严禁直接接触地面，粮食堆要整齐、稳固、高度适中、对先起运的粮食堆，靠外码放。搬运过程中如发现漏袋现象，及时更换新袋皮。并对各堆做好标记，标记好收获日期、割晒日期、粮食含水量、灌装日期、小麦品种等信息。

5. 秋收后粮食运输

收获、清理、入库的粮食在搬运过程中要有层次地装车，保证粮食堆的稳定，严禁塌垛情况出现。装车时记录粮食袋数、重量、品种等，认真填写调运单。督促运输车辆对车辆状况进行检修，加盖苫布，严禁未盖苫布车辆出场。

（七）秋收后机械封存

秋收后，对本场所有割晒机、喷药机、运输车辆等，进行拆解、涂油，并用油布包裹小部件，机体加盖苫布进行入库保存，切断电路，拆下蓄电池单独保管，车门锁死，封存车钥匙。对晒场机械使用后要清理干净，进行维修保养，摆放整齐一致。对包装袋及苫盖物资要装袋摆放整齐，放在楞木上。

八、收获后整地

（一）整地时期

整地应紧跟收获，间隔不要超过 3 天为宜，保证土壤最佳状态。耙地应紧跟翻地，间隔不宜超过 3 天。

（二）联合整地质量要求

一是尽量选择前两年进行翻耕的土地进行联合整地。

二是联合整地深度要求平均 30～35 cm。

三是整地要做到直线耕作。

四是要使整理后的土地达到"松"的要求，破除板结土壤及犁底层。

五是深松钩入土角度在 40°～55°。

六是作业车速控制在 7 km/h 以下，不宜过快。

七是整地时先打横头，保证整齐度。

八是保证整地时，一个作业往复的整地深度一致、均匀。

（三）翻地质量要求

一是可优先选择前一年联合整地的地块进行翻耕。

二是翻地深度在 27～34 cm，达到标准。

三是翻地要达到土地翻转的效果，合墒器要发挥作用，保证土地平整。

四是坡地作业方向应与坡向垂直，尽可能进行水平耕作。

（四）耙地质量要求

一是耙地应紧跟翻地，如土壤过于松软，则应单独进行一遍镇压，使土壤有一定的紧实度，避免跑墒。

二是合理使用耙地方法（梭形耙法、套耙法、交叉耙法等）及耙地次数。

三是先重耙破碎垡片，后轻耙进行土地平整，重耙耙深 16～20 cm，轻耙耙深 10～12 cm。

四是耙地时两堑间应保有 10 cm 重复，避免漏耙。

（五）整地质量基本要求

1. 深

深度必须达到平均 25～30 cm（除石头较多的地外），且均匀，各个点深度应基本相同，差异不显著。

2. 平

整地后，土地应做到平，不要出现漏耕或耙地质量不达标而产生的土地不平，大坷垃较多，散乱。

3. 严

整地堑沟应严密接幅，不重、不漏，避免出现成条土楞。

4. 齐

作业垄整齐,有明显的规划痕迹,不乱、不漏。

5. 直

作业垄直,避免出现歪线、曲线,如地块不规则,可对其进行分区整地,采用直线作业方式。

6. 净

地块表面无明显残留物,作物秸秆、残根等均被翻到土表层以下,无周边作物残体,做到干净整洁。

7. 松

整理后的土地,在土壤作业空间内要保持松软,避免过于紧实。

8. 碎

整地后,土表土块均匀、细碎,避免出现整体未耙开的大坷垃。

(六)整地机械封存

整地后,将本场所有大犁、重耙、轻耙、联合整地机进行拆解,活动部件涂油,用油布包裹保存,液压系统拆解保存,易风化的管线单独保存,机体苫布包裹,及时入库。磨损严重的部件进行拆解、更换、涂油、封存。保证封存质量,避免风化、腐蚀、损坏等问题,液压油要排放彻底。

附录1 本地区小麦常用品种简介

克春 1 号（368）

特征特性：春性，中晚熟，成熟期比对照克旱 20 号晚熟 3 天。幼苗直立，分蘖力强。株高 100 cm 左右，抗倒性较好。穗纺锤形，长芒，白壳，红粒，角质。2008 年、2009 年区域试验结果分别为平均亩穗数 38.1 万穗、40.1 万穗，穗粒数 32.6 粒、33.7 粒，千粒重 34.3 g、34.5 g。接种抗病性鉴定：高感根腐病，中感赤霉病，中感锈病，高抗叶锈病。2008 年、2009 年分别测定混合样：籽粒容重 800 g/L、790 g/L，硬度指数 66.8、62.5，蛋白质含量 15.32%、13.68%；面粉湿面筋含量 35.1%、28.5%，沉降值 66.2 mL、60.5 mL，吸水率 61.2%、58.1%，稳定时间 8.2 min、5.5 min，最大抗延阻力 452EU、448EU，延伸性 170 mm、15.4 mm，拉伸面积 101.8 cm^2、90.0 cm^2。

产量表现：2008 年参加东北春麦晚熟组品种区域试验，平均亩产 318.6 kg，比对照克旱 20 号增产 7.8%；2009 年续试，平均亩产 334.4 kg，比对照克旱 20 号增产 5.2%。2009 年生产试验，平均亩产 281.6 kg，比对照克旱 20 号增产 3.8%。

栽培要点：适时播种，每亩适宜基本苗 43 万苗左右。

秋深施肥或春分层施肥，药剂拌种，注意防治根腐病。三叶期压青苗，成熟时及时收获。

种植区域：该品种符合国家小麦品种审定标准，通过审定。适宜在东北春麦区的黑龙江北部及内蒙古呼伦贝尔地区种植。

克春 2 号

特征特性：春性，中晚熟，成熟期比对照克旱 20 号晚熟 1 天。幼苗直立，分蘖力强。株高 101 cm 左右，抗倒性较好。穗纺锤形，长芒，白壳，红粒，角质。2007 年、2008 年区域试验结果分别为平均亩穗数 39.3 万穗、37.0 万穗，穗粒数 32.5 粒、33.3 粒，千粒重 34.5 g、33.3 g。接种抗病性鉴定：高感赤霉病，中感根腐病，高抗叶锈病，秆锈病免疫。2007 年、2008 年分别测定混合样：籽粒容重 842 g/L、806 g/L，蛋白质含量 15.14%、16.53%；面粉湿面筋含量 33.3%、37.4%，沉降值 33.6 mL、54.2 mL，吸水率 65.4%、69.4%，稳定时间 2.7 min、4.3 min，最大抗延阻力 75EU、85EU，延伸性 133 mm、174 mm，拉伸面积 11.0 cm^2、20.2 cm^2，2008 年硬度指数 76.1。

产量表现：2007 年参加东北春麦晚熟组品种区域试验，平均亩产 342.9 kg，比对照克旱 20 号增产 5.9%；2008 年续试，平均亩产 303.4 kg，比对照克旱 20 号增产 2.7%。2009 年生产试验，平均亩产 280.6 kg，比对照克旱 20 号增产 3.4%。

栽培要点：适时播种，每亩适宜基本苗43万苗左右。秋深施肥或春分层施肥，药剂拌种，三叶期压青苗。注意防治赤霉病。成熟时及时收获。

种植区域：该品种符合国家小麦品种审定标准，通过审定。适宜在东北春麦区的黑龙江北部及内蒙古呼伦贝尔地区种植。

克春 5 号

克春5号是黑龙江省农业科学院克山分院以克99F2-33-3为母本、九三94-9178为父本，采用有性复合杂交方式，系谱法选择育成的高产、优质、抗病、喜肥类型小麦品种，于2006年决选，代号为克06-511。该品种分蘖力强、繁茂性好，结实期耐湿，对秆锈病高抗，中感赤霉病，中感至中抗根腐病，高抗叶锈病，抗倒伏，适应性广。

克旱 21 号

特征特性：晚熟，生育期94天左右。幼苗直立，分蘖力强，繁茂性好。株高79 cm左右。穗纺锤形，长芒，红粒，角质。平均亩穗数39.5万穗，穗粒数31.2粒，千粒重37.6 g。抗倒性较好，熟相较好。接种抗病性鉴定：高抗叶锈病，中感锈病，中感根腐病，高感赤霉病。2005年、2006年分别测定混合样：容重830 g/L、822 g/L，蛋白质（干基）含量13.28%、14.22%，湿面筋含量30.3%、30.0%，沉降值44.2 mL、41.1 mL，吸水率69.0%、67.8%，稳定时间 2.5 min、2.4 min，最大抗延阻力 190EU、180EU，延伸性 21.7 cm、20.2 cm，拉伸面积 56.8 cm^2、49.9 cm^2。

产量表现：2005 年参加东北春麦晚熟组品种区域试验，平均亩产 336.2 kg，比对照新克旱 9 号增产 16.9%；2006 年续试，平均亩产 377.0 kg，比对照新克旱 9 号增产 11.2%。2007 年生产试验，平均亩产 302.9 kg，比对照新克旱 9 号增产 11.4%。

栽培要点：适时播种，每亩适宜基本苗 43 万苗左右，秋深施肥或春分层施肥，三叶期压青苗，成熟时及时收获。

克 07-1370

品种来源：黑龙江省农业科学院克山分院 2001 年以克 00F5-1817 为母本，以新世纪九号为父本，配制杂交组合，采用系谱法选择，于 2007 年决选，品种代号为 07-1370。

特征特性：从出苗至成熟生育日数 86 天左右，株高 80 cm 左右，穗长 7.3 cm，长芒、白稃、赤粒，千粒重 35.5 g，容重 805.9 g/L。苗期抗旱，结实期耐湿，秆强不倒，秆锈病和叶锈病免疫，赤霉病和根腐病轻。2012 年品质混样分析结果，籽粒容重 804.9 g/L，蛋白质（干基）含量 14.92%，硬度指数 68.9，湿面筋 31.4%，沉降值 67 mL，吸水率 61.2%，稳定时间 7.3 min，最大抗延阻力 595EU，延伸性 196 mm，拉伸面积 151.5 cm^2。

产量表现：2011 年参加黑龙江省东部中熟组区域试验，较对照垦红 14 号平均增产 10.6%，2012 年参加国家东北晚熟组区域试验，10个试验点种7增3减，平均亩产279.1 kg，较对照垦九10号平均增产6.3%。该品种2012年试验中表现为生育日数85～89天，株高89 cm，穗纺锤形，长芒，白壳，红粒，硬质，熟相好，不落粒，穗位数均29.4粒，千粒重35.6 g。

栽培要点：适合中等肥力地块种植，采用宽苗带栽培方式，公顷保苗650万株，施肥N∶P∶K为1.2∶1∶0.5，适量加入S肥，以每亩施用15～17 kg较为适宜。2/3为底肥，于前一年秋季施入，1/3为种肥。在小麦的三叶期压青苗1～2次，4～5叶期要及时进行化学除草。在生育后期根据小麦成熟情况及气象条件，对小麦进行割晒收获，联合收割机损失率不得超过3%，破碎率不得超过1%，清洁率要达到95%以上，籽粒含水量要在13.5%左右。

北麦9号

特征特性：春性中晚熟品种，成熟期平均比对照垦九10号早熟1天左右。幼苗直立，分蘖力强。株高88 cm。穗纺锤形，长芒，白壳，红粒，籽粒角质。亩穗数39.0万穗，穗粒数31.0粒，千粒重34.9 g。抗倒性一般，接种抗病性鉴定：高感赤霉病、白粉病，中感根腐病，中抗秆锈病，高抗叶锈病。2008年、2009年品质测定结果分别为籽粒容重798 g/L、790 g/L，硬度指数69.8、64.2，蛋白质含量13.95%、13.03%，面粉湿面筋含量31.8%、27.6%，沉降值37.0 mL、36.2 mL，吸水率64.9%、60.4%，稳定时间

3.4 min、2.2 min，最大抗延阻力 92EU、138EU，延伸性 12.6 cm、19.7 cm，拉伸面积 16.4 cm^2、40.4 cm^2。

产量表现：2008 年参加东北春麦区晚熟组品种区域试验，平均亩产 326.5 kg，比对照克旱 20 号增产 10.5%；2009 年续试，平均亩产 346.7 kg，比对照克旱 20 号增产 9.1%。2010 年生产试验，平均亩产 297.6 kg，比对照垦九 10 号增产 6.4%。

栽培要点：适时播种，每亩适宜基本苗 40 万～43 万苗。秋深施肥或春分层施肥，三叶期压青苗 2 遍，分蘖期进行复方化学除草，扬花期注意防治赤霉病，成熟时适时收获。

种植区域：该品种符合国家小麦品种审定标准，通过审定。适宜在东北春麦区的黑龙江省北部及内蒙古呼伦贝尔市地区种植。

龙麦 26

审定情况：龙麦 26 原品系代号龙 94-4083。1997—1999 年参加黑龙江省区域试验和生产试验，2000 年 2 月通过黑龙江省农作物品种审定委员会审定推广，确定为强筋优质面包麦，命名为龙麦 26。1999 年被列入国家首批农业科技跨越计划核心技术品种。1998—2000 年通过国家区域试验和生产试验。

特征特性：春性，生育期比对照新克旱 9 号略早。分蘖力中等，株高 80～90 cm。长芒、白壳、红粒，每穗 28

粒左右，千粒重 34 g 左右。耐旱性强，耐湿性较好，熟相较好。经鉴定，叶锈病和秆锈病免疫，中抗根腐病，中感白粉病，高感条锈病。品质分析：容重 816 g/L，蛋白质含量 16.4%，湿面筋含量 36.3%，沉降值 64 mL，吸水率 66%，面团稳定时间 10.5 min。

产量表现：1998 年、1999 年两年参加国家春小麦区试东北春麦中晚熟组试验。1998 年平均亩产 243.7 kg，比对照增产 2.1%；1999 年平均亩产 222.5 kg，比对照增产 1.8%。2000 年参加生产试验，平均亩产 216.2 kg，比对照增产 9.6%。

1997—1999 年连续三年经农业部（现称农业农村部）谷物及制品质量监督检测中心（哈尔滨）品质分析结果平均为：精粉率 72.9%，灰分 0.55%，粗蛋白质 17.15%，湿面筋 42.03%，沉淀值 60 mL，吸水率 65.7%，形成时间 7.5 min，稳定时间 20.33 min，评价值 73.67，面包体积 800 cm^3，面包评分 86.75 分，达到专用面包麦品质指标。

栽培要点：适时播种，亩基本苗 40 万～42 万苗。亩施肥以纯氮 5～6 kg，五氧化二磷 4～5 kg，氧化钾 3～4 kg 为宜。注意采取氮肥后移和后期补钾技术，以提高产量，保证品质。

龙麦 33

特征特性：春性，中晚熟，成熟期比对照克旱 20 号晚熟 1 天。幼苗直立，前期发育较慢，分蘖力强。株高

100 cm 左右，抗倒性较好，熟相较好。穗层整齐。穗纺锤形，长芒，白壳，红粒，角质。2007 年、2008 年区域试验结果分别为平均亩穗数 34.7 万穗、36.8 万穗，穗粒数 31.0 粒、28.7 粒，千粒重 45.7 g、41.9 g。接种抗病性鉴定：高感赤霉病，中感根腐病，中抗秆锈病，高抗叶锈病。2007 年、2008 年分别测定混合样：籽粒容重 834 g/L、805 g/L，2008 年硬度指数 70.1，蛋白质含量 15.71%、16.99%；面粉湿面筋含量 32.6%、34.8%，沉降值 58.8 mL、63.5 mL，吸水率 61.7%、65.8%，稳定时间 7.6 min、4.3 min，最大抗延阻力 488EU、352EU，延伸性 176 mm、180 mm，拉伸面积 116.4 cm^2、83.5 cm^2。

产量表现：2007 年参加东北春麦晚熟组品种区域试验，平均亩产 339.9 kg，比对照克旱 20 号增产 5.0%；2008 年续试，平均亩产 322.9 kg，比对照克旱 20 号增产 9.3%。2009 年生产试验，平均亩产 295.8 kg，比对照克旱 20 号增产 9.0%。

栽培要点：适时播种，每亩适宜基本苗 46 万～50 万苗，施肥方式最好秋施底肥 2/3，春施种肥 1/3，结合三叶期补施氮、钾肥。扬花期结合防病增施氮、钾肥。注意防治赤霉病。

种植区域：适宜在东北春麦区的黑龙江北部及内蒙古呼伦贝尔地区种植。

龙麦 35

特征特性：春性中晚熟品种，全生育期 89 天，比对照垦九 10 号早熟 1 天。幼苗直立，分蘖力强。株高 93 cm，抗倒性好。抗旱性好，灌浆快，落黄好。穗纺锤形，长芒，白壳，红粒，角质。平均亩穗数 40.8 万穗，穗粒数 32.2 粒，千粒重 35.3 g。抗病性接种鉴定：高感赤霉病，中感根腐病、白粉病，慢叶锈病，免疫秆锈病。品质混合样测定：籽粒容重 836 g/L，蛋白质含量 15.09%，硬度指数 66.9，面粉湿面筋含量 31.0%，沉降值 62.3 mL，吸水率 61.1%，面团稳定时间 7.1 min，最大抗延阻力 412EU，延伸性 192 mm，拉伸面积 108 cm^2。品质达到强筋小麦品种标准。

产量表现：2010 年参加东北春麦晚熟组品种区域试验，平均亩产 298.1 kg，比对照垦九 10 号增产 1.8%；2011 年续试，平均亩产 289.1 kg，比垦九 10 号减产 2.3%。2012 年生产试验，平均亩产 279.2 kg，比垦九 10 号增产 4.0%。

栽培要点：适时播种，亩基本苗 43 万～45 万苗。注意防治赤霉病、根腐病、白粉病、叶锈病等病虫害。

种植区域：适宜东北春麦区的黑龙江北部、内蒙古呼伦贝尔市种植。

陇麦 26

选育单位：甘肃省农业科学院小麦研究所。

品种来源：以矮秆丰产品系永 3263 为母本、高抗条锈病品种高原 448 为父本，通过杂交和有限回交隔代异地穿梭鉴定选育而成，原代号 9913-17。

特征特性：春性，生养期 92～99 天，株高 66～90 cm，幼苗竖立，株型紧凑，抗倒伏能力强，长芒白穗，穗纺锤形、白粒、角质。穗粒数 35～51 粒，大粒型品种，千粒重 41.7～54 g，容重 771～836 g/L。籽粒粗蛋白质含量（干基）13.1%，湿面筋 26.4%，沉降值 35.0 mL，面团吸水量 63.5%，面团形成时间 4.7 min，稳定时间 7.9 min，弱化度 73F.U。2009 年抗性鉴定成株期对条中 29 号、32 号、33（F-H）表现免疫至中抗，对条中 33 号、混合菌表现感病。2007—2009 年连续田间鉴定，高抗叶枯病、黑穗病、根腐病、全蚀病、黄矮病和丛矮病，轻感白粉病。

产量表现：2008—2009 年参加省水地春小麦西片区试，两年 14 点次中 11 点次较对照宁春 4 号增产，均匀亩产 550.4 kg，比对照增产 4.1%。2009 年出产试验亩产 547.9 kg，较对照宁春 4 号均匀增产 14.1%。

栽培要点：夏收后深耕晒垡，熟化泥土。冬前灌足冬水，播前平整土地。北疆播种期一般在 3 月中下旬至 4 月上旬为佳，注意施用有机肥与化肥配合。要求中等以上肥力土壤，一般施底肥磷酸二铵 15～20 kg，种肥 5～8 kg，头水追施尿素 10 kg 左右，二水视苗情追施尿素 5～10 kg，抽穗前再追施尿素 3～5 kg。头水应在两叶一心时，二水与头水间隔不宜超过 15 天，以后各水以保证不受旱为原则，全生育期一般灌溉 4～5 水，生育期间防治杂草和病虫害。亩产一般 350 kg 左右，高者可达 450 kg，产量潜力可达 500 kg。

种植区域： 适宜北疆气候冷凉、海拔较高、降雨较多春麦区及中低产春麦区播种。

陇春 30

审定编号： 甘审麦 2004017。

选育单位： 甘肃省农业科学院粮作所。

审定情况： 2004 年甘肃省农作物品种审定委员会审定通过。

品种来源： 1998 年从 CIMMYT（国际玉米小麦改良中心）引进。原代号：CM4860。

特征特性： 春性，幼苗半直立，叶色深绿，株型紧凑，株高 65～88 cm。分蘖成穗率高（79%～88%），成穗数 38.3 万/亩。长芒，白穗，穗纺锤形，穗长 8～10 cm。小穗数 15～16 个，穗粒数 28～44 个。白粒、角质，护颖白色无茸毛。生育期 92～116 天。千粒重 30.7～44.0 g，容重 803 g/L。含粗蛋白质 15.0%，赖氨酸 0.58%，湿面筋 28.9%，沉降值 34.6 mL。抗倒伏性好，经国家区试指定部门鉴定：抗条锈病，中抗白粉病，慢叶锈病，感黄矮病。

产量表现： 2001—2002 年省区试平均亩产 377.95 kg，比对照陇春 15 号增产 12.73%。

栽培要点： 施足底肥，水肥较高的地区种植时要注意氮磷合理搭配，适当加大磷肥用量。播种量为30万粒/亩，阴湿区以30万粒/亩为宜，基本苗30万～32万苗/亩。有灌溉条件的地区要灌好三叶一心到四叶一心的苗期水。及时防治病虫害。

种植区域：适宜甘肃省及内蒙古呼伦贝尔地区生态条件相似、土壤肥力较好的地区种植。

龙麦30（7146）

品种来源：以龙90-05098为母本，以龙90-06351为父本进行有性杂交选育而成。

特征特性：幼苗直立，生长慢。株高85～90 cm，秆强，分蘖及成穗能力强。纺锤形穗，长芒，穗层整齐。籽粒红色，饱满，角质，千粒重在35～38 g。2005年经农业部谷物品质监督检验测试中心（哈尔滨）测定，蛋白质含量15.9%，湿面筋含量34.4%，沉降值47.33 mL，吸水率62.0%，面团稳定时间12.5 min，最大抗延阻力477.3EU，延伸性19.6 cm，沉降系数310S，面包体积780 mL，面包评分76.5。

栽培要点：种植密度42万～45万株/亩；一般施纯N 4～5 kg/亩，纯P_2O_5 4～5 kg/亩，纯K_2O 2～3 kg/亩较为适宜。N肥的追肥方式以2/3作底肥，1/3作种肥和后期叶面追施。

种植区域：适宜内蒙古呼伦贝尔市岭北旱作小麦区种植。

格莱尼

品种来源：格莱尼为优质面包麦品种，1972年由加拿大曼尼托巴大学（University of Manitoba）选育而成，1995年由黑龙江省农业科学院引入我国，1998年海拉尔农牧场管理局由黑龙江省农业科学院引入呼伦贝尔市。

特征特性：生育期88天，该品种为优质面包麦品种，对光照反应不敏感。幼苗直立，叶片较细长，分蘖力中等。株高90～100 cm，茎秆较弱，丰产性不突出，穗为纺锤形，顶芒，白壳，大穗，大粒，穗长9 cm左右，穗粒数34.6～35.2粒，千粒重42 g左右，容重775～795 g/L，籽粒饱满度稍差。蛋白质16.46%，湿面筋35.2%，沉降值67.1 mL，吸水率63.6%，面团形成时间8.3 min，面团稳定时间20.0 min，最大抗延阻力720EU，延伸性23.8 cm，拉伸面积234.2 cm^2。前期抗旱性较好，后期不耐湿，不易落粒，抗穗发芽。叶锈、秆锈病偶有发生，抗根腐病，丛矮病、赤霉病较重。

栽培要点：亩保苗38万～40万株，栽培时应采取化控等综合措施进行调控，促进根系发育和提高地上部分茎秆强度，根据麦田长势每亩喷施叶丰30 mL或短壮素60 mL防止倒伏。根据不同土壤类型、不同肥力基础进行配方平衡施肥，应注意提高抗倒伏、抗病能力，实施上应重施钾肥，增施氮肥，补施硫、锌、硼等微肥。要求氮、磷、钾比为1∶1.2∶（0.3～0.5）。亩施纯氮、磷、钾总量一般中等肥力地应控制在 10～11 kg，氮肥使用时期往后移，钾肥使用硫酸钾。追肥以叶面喷施为主，苗期结合化学灭草每亩喷施尿素 0.5 kg，垦易生物活性有机肥 100 mL。小麦抽穗扬花期结合后期喷肥，加入磷酸二氢钾 200 g/亩，叶面宝 10 g/亩，多菌灵胶悬剂 1000 倍液或粉诱宁 10 g 兑水喷雾，并及时进行病害预防。

种植区域：≥100℃有效积温 19000℃左右的呼伦贝尔市、兴安盟、锡林郭勒盟及黑龙江省北部等地区种植。

宁春 16

选育单位：由宁夏农林科学院农作物研究所选育，1992 年 12 月 2 日审定地方品种。

品种来源：SG（81rs10）/宁春 4 号 F_1/宁春 4 号。

特征特性：春性，生育期 102 天。幼苗生长茁壮，叶色浓绿，全生育期 8 片叶，株高 84.5～91.2 cm，株型紧凑，纺锤形穗，分蘖力强，成穗率高，约 1∶1.3，穗粒数 28.5～30.9 粒，长芒，白壳，籽粒卵圆形，白粒，硬质，籽粒饱满，千粒重 45 g。蛋白质 12.15%～14.53%，赖氨酸 0.36%，容重 742～783.2 g/L。中抗条锈病、白粉病、叶枯病，中感赤霉病，高抗叶锈病，抗青干，熟相好，抗倒伏稍差。

产量表现：1990—1991 年灌区区域试验两年平均亩产 504.41 kg，较宁春 4 号增产 3.68%。1991 年生产示范平均亩产 375.3 kg，较宁春 4 号减产 4.7%。

栽培要点：合理密植，属中秆多穗型，成熟略早，套种亩播 17.5～22.5 kg，亩基本苗 30 万～35 万苗，亩收获穗 10 万～45 万穗。施基肥，轻施追肥，增施有机肥；一般施农家肥的基础上，基施尿素 10～15 kg/亩，种肥 7.5～10 kg/亩；基施二铵 10 kg/亩，种肥 5 kg/亩，结合头水追施尿素 7.5～10 kg/亩。全生育期灌水 3～4 次，特别注意灌好末水，以防倒伏。中耕除草、头水前喷 2,4-D 丁酯灭草，于拔节期和抽穗后期及时防治蚜虫为害。

种植区域：适宜宁夏引黄灌区及呼伦贝尔岭西地区种植。

津强 6 号

审定编号：津审麦 2007002。

特征特性：全生育期 86 天左右，株高 90 cm，茎秆弹性好，抗倒伏能力强。抽穗期 5 月 4 日左右，穗为纺锤形，长芒、白壳、红粒，硬质，后期灌浆速度快，成穗率高，亩穗数 37.0 万穗，穗粒数 26.8 粒，千粒重 38.0 g，芒有干尖现象，抗病性、抗逆性较强，落黄佳。为强筋小麦品种。

产量表现：津强 6 号春小麦 2007 年参加天津市春小麦生产试验，5 个试点平均 311.6 kg。

该品种适应在呼伦贝尔市中等偏上肥水条件种植，为充分发挥津强 6 号的增产潜力。

播种技术：

（1）种子包衣。种子包衣不仅可以有效地防治苗期地下害虫，而且还可以杀菌防治土传病害，保证苗齐、苗壮而提高产量。

（2）适时播种，确保播种质量。春小麦在土壤地表化冻到 6 cm 左右深度时，即可抓住时机尽早播种。一般 2 月 20 日以后顶凌播种，到 3 月初结束。2 月下旬是春小麦的集中播种期。亩播量 15 kg，种子播到 3～4 cm 深处，播后镇压，确保全苗。

田间管理： 全生育期一般浇拔节水和抽穗扬花水 2 次水。浇第一水时，每亩追施尿素 7.5 kg。抽穗后及时防治蚜虫，并及时防治白粉病。

适时收获： 蜡熟末期及时收获，防止麦穗遇雨发芽和籽粒霉变。

种植区域： 适宜内蒙古呼伦贝尔市。

津强 7 号

审定编号： 国审麦 2013023。

特征特性： 春性，株高 88 cm 左右，生育期在 83 天左右，千粒重 39 g 左右，每穗粒数 27.3 粒左右，长芒，红颖壳，白粒，硬质，籽粒饱满。幼苗半匍匐，分蘖力强，株型紧凑，成穗率高，穗层整齐，抗倒伏强。抗病性好，后期落黄好，品质好，平均亩产 390 kg 左右。

特征特性： 籽粒容重 810 g/L，蛋白质（干基）含量 17.26%，硬度指数 69.4，湿面筋 34.2%，吸水量 60.0 mL/100 g，稳定时间 12.3 min，最大抗延阻力 715EU，延伸性

188 mm,拉伸面积 177.0 cm²,2013 年全国小麦品质鉴评会上评分排名第四。

栽培要点:

(1)冬前整地达到播种状态,施磷酸二铵 20 kg/亩(N 3.6 kg/亩,P_2O_5 9.2 kg/亩)、尿素 5 kg/亩(N 2.3 kg/亩)作底肥,浇足封冻水,为翌年春播打好基础。

(2)开春顶凌播种(昼消夜冻),亩播量 12.5~15 kg。

(3)分蘖期及时浇水,施尿素 10 kg/亩(N 4.6 kg/亩);分蘖后期至拔节前可喷施矮壮素防止后期倒伏。拔节期及时施肥浇水,施尿素 15 kg/亩(N 6.9 kg/亩)。浇好抽穗扬花水,以减少小花退化,增加穗粒数。灌浆期以控为主,尽量少浇或不浇水,以防贪青晚熟。

(4)全生育期注意防治白粉病和蚜虫。

种植区域:适宜东北春麦早熟区的内蒙古(通辽)、辽宁、吉林,以及天津、河北(张家口坝下)作春麦种植。

S11 鉴 84

特征特性:春性,早熟,生育期 75 天左右,对照辽春 17 号早 2 天。幼苗直立。株高 73 cm 左右。穗为纺锤形,长芒,白壳,红粒,籽粒角质、饱满度较好。两年区域试验结果为:平均亩穗数 41.5 万穗、穗粒数 31.3 粒、千粒重 36.3 g;抗病性鉴定:中抗秆锈病、中抗叶锈病、高感白粉病;品质混合样测定:籽粒容重 791 g/L、蛋白质含量 16.27%、硬度指数 71.1、面粉湿面筋含量 33.4%、沉降值

49.8 mL、吸水率 60.0%、面团稳定时间 15.7 min、最大抗延阻力 682 EU、延伸性 174 mm、拉伸面积 155.6 cm^2。品质达到强筋小麦品种审定标准。

产量表现：2012 年参加东北春麦早熟组品种区域试验，平均亩产 360.0 kg，比对照辽春 17 号增产 6.7%；2013 年续试，平均亩产 304.5 kg，比对照辽春 17 号增产 4.7%。2014 年生产试验，平均亩产 388.3 kg，比对照辽春 17 号增产 5.9%。

栽培要点：

（1）冬前整地达到播种状态，施磷酸二铵 20 kg/亩（N 3.6 kg/亩、P$_2$O$_5$ 9.2 kg/亩）、尿素 5 kg/亩（N 2.3 kg/亩）作底肥，浇足封冻水，为翌年春播打好基础。

（2）开春顶凌播种（昼消夜冻），亩播种量 12.5～15 kg。

（3）分蘖期及时浇水，施尿素 10 kg/亩（N 4.6 kg/亩）；分蘖后期至拔节前可喷施矮壮素防止后期倒伏。拔节期及时施肥浇水，施尿素 15 kg/亩（N 6.9 kg/亩）。浇好抽穗扬花水，以减少小花退化，增加穗粒数。灌浆期以控为主，尽量少浇或不浇水，以防贪青晚熟。

（4）全生育期注意防治白粉病和蚜虫。

褐麦

品种来源：褐麦（重 K–1）原产于加拿大，由上库力农场试验站 2009 年小麦引种试验引进，经过多年提纯与南繁，现已稳定。

特征特性：在上库力农场地区表现为生育期90天，株高103 cm，千粒重43.5 g，亩产331.6 kg/亩。幼苗直立，生长势强，长芒，秆软，落黄好，籽粒褐色，胶质。2012年经黑龙江农业科学院农产品质量安全研究所进行品质检验分析，其检验结果为：粗蛋白质14.09%，湿面筋（以14%水分计）29.8%，Zeleny沉淀值49.8 mL，吸水量63 mL/100 g，面团形成时间4.8 min，稳定时间4.6 min，弱化度79 F.U，粉质质量指数79 mm，评价值为58，最大抗延阻力288 EU，延伸性193 mm，拉伸面积75 cm^2，R/E值1.49。重K-1与其他同类褐麦相比，具有产量高、口感好等特点。

营养价值：褐麦营养价值高，具有降糖降脂的功效，蛋白质含量17.19%，氨基酸总和15%～16%，氨基酸含量总和超普通小麦60%～70%，氨基酸组成齐全平衡程度高，富含人体必需的8种氨基酸，尤其是普通白麦没有的色氨酸。褐麦面粉沉淀值36 mL，食品落口好，有一种特殊的麦香味，是制作面点、面条、饺子的上等食材，也是家庭主食的优选食品。

微量元素含量：褐麦富含多种人体必需的微量元素。一是高钙，含量800 mg/kg左右，比普通白麦高约80%；二是高铁，含量1.27 mg/kg，比普通小麦高约60%；三是高碘，含量800 mg/kg左右，是普通白麦所没有的；四是富铬，含量1.392 mg/kg，比普通白麦高约90%；五是锌含量 0.42 mg/kg；六是粗蛋白质（干基）15.88%。颜色鲜艳，呈紫色，区别于普通白色小麦的颜色，是粮食中的极品。

克春 8 号（486）

育种单位：黑龙江省农业科学院克山分院。

特征特性：在黑龙江地区表现为生育期 92 天，株高 115 cm，千粒重 44 g，容重 815 g/L，长芒，不易落粒。幼苗习性半直立，根腐病较轻，红粒，胶质，熟相较好，抗倒伏。经哈尔滨谷物检测中心检测，面团形成时间 1.7 min，稳定时间 3.3 min，蛋白含量 10.83%，湿面筋含量 26.2%。

龙辐麦 06K508

育种单位：黑龙江省农业科学院。

特征特性：在黑龙江地区表现为生育期 90 天，株高 92 cm，千粒重 41.5 g，容重 825.3 g/L，叶长披垂，无芒，穗长、码密、粒多，穗型紧凑，红粒，胶质，熟相较好，抗倒伏。经哈尔滨谷物检测中心检测，面团形成时间 1 min，稳定时间 1 min，蛋白含量 10.46%，湿面筋含量 17.1%。

种植区域：适宜内蒙古呼伦贝尔市地区种植。

龙麦 60

品种来源：龙麦 26/ 克涝 6 号。

特征特性：春性，全生育期94天，比对照品种垦九10号晚熟2天。幼苗半直立，叶片窄短，叶色深绿，分蘖力较强。株高94 cm，株型紧凑，抗倒性中等。旗叶平展，整齐度好，穗层整齐，熟相好。纺锤形穗，长芒、白壳、红粒，籽粒角质，饱满度好。亩穗数39.4万穗，穗粒数31.3粒，千粒重41.3 g。抗病性鉴定：叶锈病免疫，中抗秆锈病，中感根腐病，高感赤霉病和白粉病。区试两年品质检测结果分别为：籽粒容重826 g/L、831 g/L，蛋白质含量15.54%、15.27%，湿面筋含量33.5%、30.4%，稳定时间6.4 min、2.6 min，吸水率61.4%、62.5%，最大抗延阻力420EU，拉伸面积125.2 cm^2。

产量表现：2015年参加东北春麦晚熟组区域试验，平均亩产402.9 kg，比对照垦九10号增产11.2%；2016年续试，平均亩产357.4 kg，比对照增产12.2%。2017年生产试验，平均亩产299.9 kg，比对照增产6.4%。

栽培要点：适时播种，每亩适宜基本苗43万苗左右。注意防治蚜虫、白粉病、赤霉病和根腐病等病虫害。

种植区域：该品种符合审定标准，通过审定。适宜东北春麦区的黑龙江省北部、内蒙古呼伦贝尔市地区种植。

龙垦401

品种来源：九三04F3-21/北麦6号。

特征特性：春性，全生育期91天，比对照品种垦九10号早熟1天。幼苗直立，叶片窄，叶色深绿，分蘖力强。株高 96 cm，株型紧凑，抗倒性一般。旗叶上举，整齐度好，熟相较好。穗为纺锤形，长芒、白壳、红粒，籽粒角质，饱满度好。亩穗数 39.3 万穗，穗粒数 33.2 粒，千粒重 37.4 g。抗病性鉴定：高抗秆锈病，中感赤霉病、根腐病和叶锈病，高感白粉病。区试两年品质检测结果分别为：籽粒容重 825 g/L、835 g/L，蛋白质含量 15.01%、13.97%，湿面筋含量 32.8%、29.7%，吸水率 65.3%、64.2%，稳定时间 3.8 min、3.3 min。

产量表现：2015 年参加东北春麦晚熟组区域试验，平均亩产 401.1 kg，比对照垦九 10 号增产 10.7%；2016 年续试，平均亩产 350.7 kg，比对照增产 10.0%；2017 年生产试验，平均亩产 295.7 kg，比对照增产 4.9%。

栽培要点：适时播种，每亩适宜基本苗 43 万～45 万苗。注意防治蚜虫、白粉病、赤霉病、根腐病和叶锈病等病虫害。高水肥地块种植注意防止倒伏。

种植区域：该品种符合审定标准，通过审定。适宜东北春麦区的黑龙江省北部、内蒙古呼伦贝尔市地区种植。

附录2 本地区小麦常用农药简介

戊唑醇

化学名称：(RS)-1-(4-氯苯基)-4,4-二甲基-3-(1H-1,2,4三唑-1-基甲基)戊-3-醇。

用途：该品属三唑类杀菌农药，是甾醇脱甲基抑制剂，是用于重要经济作物的种子处理或叶面喷洒的高效杀菌剂，可有效地防治禾谷类作物的多种锈病、白粉病、网斑病、根腐病、赤霉病、黑穗病、种传轮斑病及早稻纹枯病等。

毒性：低毒，大鼠急性经口LD_{50}约为4000 mg/kg，雌、雄小鼠急性经口LD_{50}分别为3933 mg/kg和2000 mg/kg，大鼠急性经皮LD_{50}>5000 mg/kg。

使用方法：小麦散黑穗病，小麦播种前每100 kg种子用2%戊唑醇干拌剂或湿拌剂商品量100～150 g（有效成分2～3 g），或用6%戊唑醇悬浮剂商品量30～45 mL（有效成分1.8～2.7 g）拌种。戊唑醇拌种对小麦出芽有抑制作用，一般比正常不拌种晚发芽2～3天，最多3～5天，对后期产量没有影响。充分拌匀后播种。

药害：戊唑醇使用时浓度要控制，不能超量使用，否则会抑制作物生长，易产生药害。

吡虫啉

化学名称：1-（6-氯吡啶-3-吡啶基甲基）-N-硝基亚咪唑烷-2-基胺。

用途：吡虫啉是烟碱类超高效杀虫剂，具有广谱、高效、低毒、低残留，害虫不易产生抗性，对人、畜、植物和天敌安全等特点，并有触杀、胃毒和内吸等多重作用。害虫接触药剂后，中枢神经正常传导受阻，使其麻痹死亡。产品速效性好，药后1天即有较高的防效，残留期长达25天左右。药效和温度呈正相关，温度高，杀虫效果好。主要用于防治刺吸式口器害虫。

毒性：低毒，大鼠急性经口 LD_{50} 为 450 mg/kg，急性经皮 LD_{50} >5000 mg/kg，急性吸入 LC_{50}（4 h）>5323 mg/kg，对兔眼睛和皮肤无刺激作用。

防治对象：主要用于防治刺吸式口器害虫（可与啶虫脒低高温轮换使用——气温低用吡虫啉，气温高用啶虫脒），防治蚜虫、飞虱、粉虱、叶蝉、蓟马；对鞘翅目、双翅目和鳞翅目的某些害虫，如稻象甲、稻负泥虫、潜叶蛾等也有效。但对线虫和红蜘蛛无效。可用于水稻、小麦、玉米、棉花、马铃薯、蔬菜、甜菜、果树等作物。

使用方法：由于它的优良内吸性，特别适于用种子处理和撒颗粒剂方式施药。一般亩用有效成分 3～10 g，兑水喷雾或拌种。安全间隔期20天。施药时注意防护，防止接触皮肤和吸入药粉、药液，用药后要及时用清水洗洁暴露部位。不要与碱性农药混用。不宜在强阳光下喷雾,以免降低药效。

防治绣线菊蚜、苹果瘤蚜、桃蚜、梨木虱、卷叶蛾、粉虱、斑潜蝇等害虫,可用10%吡虫啉4000～6000倍液喷雾,或用5%吡虫啉乳油2000～3000倍液喷雾。防治蟑螂,可以选择神农2.1%灭蟑螂胶饵。

药害：对于小麦进行拌种的吡虫啉药剂要选择清楚,例如吡虫啉乳油、微乳剂已被确认,其含有对种子危害极大的助剂或溶剂,所以坚决不能用来当作拌种剂使用。

用于小麦拌种的吡虫啉一般为喷雾剂型,其中湿拌种剂的综合表现最突出。在选择吡虫啉的时候最好避免选择颗粒太细的吡虫啉制剂。

麦叶丰

对旺长麦苗喷施麦叶丰调控,效果显著,亩用40～50 g,按配比说明兑水稀释后喷雾,可使植株矮化,叶片变宽增厚,光合作用增强,防止徒长,促进分蘖,茎部茎节变短。使用时一定要严格按说明控制农药浓度,因为这类生长调节剂不同于杀虫剂,对浓度更为敏感,一旦发生药害,很难采取有效方法逆转。

皓达（水溶腐殖酸）

松土保水,活化土地。促进早熟,混施提高肥效药效,减少病虫害,增强作物抗旱抗寒抗涝能力。加大兑水量可解药害、肥害，降解农药残留。皓达用于小麦，可以促进苗齐苗壮，根系发达，在生长期提高叶绿素的合成，延长叶片功能期，增加光合作用，增加淀粉、蛋白质含量，促早熟 5～7 天。防御干热风，驱避蚜虫，抗黑穗病、白粉病等。

2,4-D 丁酯

难溶于水，易溶于多种有机溶剂。

用途：一种选择性很强而有内吸传导作用的除草剂。对棉花、大豆、马铃薯等有药害。主要防除禾本科作物田中单子叶杂草、莎草及某些恶性杂草。在水稻分蘖末期施药，用药 40～60 g/亩，加水 20～30 kg/亩地面喷雾，或加水 2.5～5 kg/亩飞机喷洒，可防除鸭舌草、野慈姑、泽泻、水芹、毒芹、狼把草、香浦、芦苇及异型莎草，对牛茅草也有抑制作用。喷药前排出稻田水（浸泡稻根即可），喷药后第二天即可灌水。小麦、玉米、高粱，4～5 叶期施药。水源缺乏区，可将药剂和一定量的湿润细土混拌或制成 10%～20% 颗粒剂，人工或机械撒播地面，撒播要均匀。棉花、大豆等作物对该药剂敏感，施用时要保持一定的间隔区。

药害：2,4-D 丁酯是当前小麦田化学除草广为应用的除草剂，药害时有发生，由于药液漂移对周围敏感农作物产生药害，禾本科作物对其抗性强，钝化能力强。

NEB

它具有强大的解磷、解钾、固氮功能,能大量分泌抗生素,它的孢囊菌可以促进和保护植物根系有益微生物群落大量繁殖,并与根系建立完美的共生生态平衡系统,阻止、抑制、控制、杀死有害病原菌,改善作物根系的微生物环境,大大提高作物抗病、抗重茬能力。它和植物根细胞建立的独一无二的共生关系,又大大提高了植物根系吸收、储存、输送营养和水分的能力,极大满足作物根系平衡高效的吸收氮、磷、钾及各种中、微量元素,使作物多生根,多开花,多结果,抗重茬,抗病害,抗旱,抗寒,抗早衰,标本兼治。

苯磺隆

化学名称: 2-[N-(4-甲氧基-6-甲基-1,3,5-三嗪-2-基)-N-甲基氨基甲酰胺基磺酰基]苯甲酸甲酯。

防除对象: 主要用于防除各种一年生阔叶杂草,对播娘蒿、荠菜、碎米荠菜、麦家公、藜、反枝苋等效果较好,对地肤、繁缕、蓼、猪殃殃等也有一定的防除效果,对田蓟、卷茎蓼、田旋花、泽漆等效果不显著,对野燕麦、看麦娘、雀麦、节节麦等禾本科杂草无效。

作用机理: 该品为选择性内吸传导型除草剂,可被杂草的根、叶吸收,并在植株体内传导。通过抑制乙酰乳酸合成酶(ALS)的活性,从而影响支链氨基酸(如亮氨酸、异亮氨酸、缬氨酸等）的生物合成。植物受害后表现为生长点坏死、叶脉失绿，植物生长受到严重抑制、矮化，最终全株枯死。敏感杂草吸收药剂后立即停止生长，1～3周后死亡。

使用方法：小麦 2 叶期至拔节期，杂草苗前或苗后早期施药。一般用药量 10% 苯磺隆可湿性粉剂 10～20 g/亩，兑水量 15～30 kg/亩，均匀喷雾杂草茎叶。杂草较小时，低剂量即可取得较好的防效，杂草较大时，应用高剂量。

药害：苯磺隆用量过大，可能对小麦产生药害，特别是施药后遇低温等不良条件时，可能引起麦苗新生叶叶鞘基部断裂，进而出现新生叶枯死现象。有些苯磺隆产品质量差，用药量过大时，更容易发生药害。特别是搭配"助剂"销售的一些苯磺隆产品，其所谓的"助剂"往往是乙氟草醚。乙氟草醚在小麦田正常使用即可能在麦叶上产生触杀药斑。或者引起麦苗黄化。施药量过大，特别是施药后遇低温时，对麦苗的药害更重，严重时可造成麦叶严重发黄，甚至整株死亡。苯磺隆灭草速度较慢，特别是在低温期施药时灭草速度更慢，而乙羧氟草醚灭草速度很快，一般在施药后 2～3 天即见明显效果，能防除苯磺隆较难防除的婆婆纳、荠菜等杂草。据此可以大致判断所使用的苯磺隆是否加用了乙羧氟草醚。

绿磺隆（氯磺隆）

绿磺隆是 1978 年由美国杜邦公司开发的磺酰脲类新型

除草剂，1981年商品化，它是低毒广谱的麦田选择性除草剂，其突出的特点是具有超高活性。原药为白色结晶固体，熔点 174～178℃，分解温度 192℃，不易分解，25℃时蒸气压为 6133μPa。

用途：用于防除禾谷作物田的阔叶杂草及禾本科杂草，如藜、蓼、苋、猪殃殃、苘麻、田旋花、田蓟、荞麦蔓、母菊，以及狗尾草、黑麦草、早熟禾、小根蒜等。对野燕麦、龙葵效果不佳。用 0.15～0.6 g/100 m² 有效成分，兑水喷雾。与绿麦隆、异丙隆混用效果良好。对后茬敏感的作物有玉米、油菜等，药量超过 0.6 g/100 m² 对后茬水稻也略有影响。

毒性：雄性大鼠急性经口 LD_{50} 为 5545 mg/kg，雌性为 6293 mg/kg；兔急性经皮 LD_{50}>3400 mg/kg。对眼睛有轻微刺激，对皮肤无刺激。以 500 mg/kg 剂量饲喂大鼠 90 天，未发现病变。大鼠 2 年饲养试验作用剂量为 100 mg/kg，小鼠为 500 mg/kg。动物试验未见致畸、致癌、致突变作用。虹鳟鱼 LC_{50}>250 mg/kg（96 h），鹌鹑 LC_{50}>5000 mg/kg 饲料（8 天）。

作用机理：内吸、超高效磺酰脲类除草剂。药剂被杂草叶面或根系吸收后，可传导到植株全身，通过抑制乙酰乳酸酶的活性，阻碍支链氨基酸、缬氨酸和亮氨酸的合成，从而使细胞分裂停止，植株失绿，枯萎而死。

使用方法：杂草芽前或芽后都可使用，芽后叶面喷雾效果更好。一般秋季作物播后芽前或春季杂草后施药。每亩用有效成分 1～2 g，兑水喷雾。

注意事项：氯磺隆高效且残效期长，使用量要严格控制，不能随意加大，以免对后茬作物产生不良影响。

药害：绿磺隆用量过大，可能对小麦产生药害，特别是施药后遇低温等不良条件时，可能引起麦苗新生叶叶鞘基部断裂，进而出现新生叶枯死现象。叶片出现白尖抑制生长，有些绿磺隆产品质量差，用药量过大时，更容易发生药害。

小膘马（精恶唑禾草灵）

小膘马特别适用于小麦田苗后防除禾本科杂草。小骠马质量可靠，选择性高，耐雨水冲刷，对小麦安全，且对后茬作物无不良影响。小骠马杀草谱广，能防除多种小麦田恶性禾本科杂草，如看麦娘、野燕麦、稗草、狗尾草、硬草、风剪股颖等。小骠马活性高、防效好。它是一种内吸性茎叶处理剂。

药害：奔腾和小膘马混用容易产生药害，奔腾是唑草酮与苯磺隆的复配剂，含唑草酮22%、苯磺隆14%。唑草酮为触杀型选择性除草剂，喷药后能很快被杂草叶片吸收，破坏杂草的细胞膜，使其失水枯死。气温在10℃以上时，2～3天即见效。该药杀草谱广，杀草速度快，受低温影响小，而且对后茬十分安全，是麦田春季化除的优良除草剂。

小麦对唑草酮的耐药性较强，在小麦3叶期至拔节前

（一般为11月至翌年3月）均可施用，但如果施药不当，施药后麦苗叶片上会产生黄色灼伤斑。用药量大、药液浓度高，则灼伤斑大，药害明显。为防止药害发生，配制药液应严格采用二次稀释法，严禁将药剂或母液直接倒入空喷雾器内。应选无风或微风天用手动喷雾器均匀喷雾施药，不宜使用弥雾机施药。喷雾时应均匀周到，不要重喷或漏喷。

喷施唑草酮及其与苯磺隆、二甲四氯钠、苄嘧磺隆的复配剂时，药液中不能加洗衣粉、有机硅等助剂，否则容易对作物产生药害。含唑草酮的药剂不宜与小骠马等乳油制剂混用，否则可能会影响唑草酮在药液中的分散性，喷药后药物在作物叶片上分布不匀，着药多的部位容易受到药害。

多菌灵

化学名称：N-（2-苯骈咪唑基）-氨基甲酸甲酯，多菌灵又称棉萎灵、苯并咪唑44号。

用途：多菌灵是一种广谱性杀菌剂，对多种作物由真菌（如半知菌、多子囊菌）引起的病害有防治效果。可用于叶面喷雾、种子处理和土壤处理等。多菌灵为高效低毒内吸性杀菌剂，有内吸治疗和保护作用。

使用方法：

（1）麦类黑穗病。用多菌灵有效成分100 g，兑水4 kg，均匀喷洒100 kg麦种，再堆闷6 h后播种。也可用多落效成分 156 g，兑水 156 kg 搅匀，浸麦种 100 kg 36 h，然后捞出播种。药液可连续使用。

（2）麦类赤霉病。如小麦扬花初有连续阴雨天气，每亩用 25% 可湿性粉 150～200 g，兑水 50～80 L 喷雾，隔 5～7 天视天气状况和病情发展，决定喷第二次药与否，用药量同第一次。

（3）油菜菌核病。在油菜花期和终花期各喷一次。每亩用多菌灵有效成分 37.5～62.5 g，兑水 50～80 L 喷雾。

毒性：对人、畜、鱼类、蜜蜂等低毒。对皮肤和眼睛有刺激，经口中毒出现头昏、恶心、呕吐。大、小鼠急性经口 LD_{50}>5000～15000 mg/kg，大鼠急性经皮 LD_{50}>2000 mg/kg，大鼠腹腔注射 LD_{50}>15000 mg/kg。大鼠在含 2.2 mg/L 有效成分空间中能容忍。原药对狗和大鼠 3 个月的喂养，无影响剂量分别为 500 mg/kg 和 400 mg/kg。未见致癌、致畸、致突变作用。鲤鱼 LC_{50} 为 40 mg/L（48 h）。

作用机理：干扰病原菌有丝分裂中纺锤体的形成，影响细胞分裂，起到杀菌作用。

药害：多菌灵施用不当会产生烧苗和迟缓植株生长的药害。

高效氯氰菊酯

高效氯氰菊酯是非内吸性但具备触杀和胃毒作用的杀虫剂，通过与害虫钠通道相互作用破坏其神经系统，该杀虫剂主要用来防治农作物上发生的鳞翅目害虫。该品为两对外消旋体混合物，其顺反比约为2∶3。原药外观为白色至奶油色结晶体，易溶于芳烃、酮类和醇类。常用制剂有45%乳油。高效氯氰菊酯是一种拟除虫菊酯类杀虫剂，生物活性较高，是氯氰菊酯的高效异构体。杀虫谱广、击倒速度快，杀虫活性较氯氰菊酯高。适用于防治棉花、蔬菜、果树、茶树、森林等多种植物上的害虫及卫生害虫。

（1）棉蚜、蓟马。蚜株率达30%或卷叶株率在5%时进行防治。每亩用4.5%乳油30～50 mL，加水40～50 kg，均匀喷雾。

（2）棉铃虫、红铃虫。在棉花二三代卵孵化盛期施药。每亩用4.5%乳油30～50 mL，加水40～50 kg，均匀喷雾。

（3）菜青虫、小菜蛾。幼虫2～3龄期进行防治，每亩用4.5%乳油20～40 mL，加水40～50 kg，均匀喷雾。

（4）菜蚜。在无翅蚜发生盛期防治，每亩用4.5%乳油20～30 mL，加水40～50 kg，均匀喷雾。

（5）柑橘潜叶蛾。在放梢初期及卵孵化盛期进行防治。每亩用4.5%乳油加水稀释2250～3000倍，均匀喷雾。

（6）柑橘红蜡蚧。在卵孵化盛期防治。用4.5%乳油加水稀释900倍均匀喷雾。

（7）茶尺蠖。于2～3龄幼虫盛发期施药，每亩用4.5%乳油25～40 mL，加水60～75 kg，均匀喷雾。

（8）烟青虫。于2～3龄幼虫期施药，每亩用4.5%乳油25～40 mL，加水60～75 kg，均匀喷雾。

（9）各种松毛虫、杨树舟蛾、美国白蛾。在 2～3 龄幼虫发生期，用 4.5% 乳油 4000～8000 倍液喷雾，飞机喷雾每公顷用量 60～150 mL。

（10）卫生害虫。防治成蚊及家蝇成虫，每平方米用 4.5% 可湿性粉剂 0.2～0.4 g，加水稀释 250 倍，进行滞留喷洒。防治蟑螂，在蟑螂栖息地和活动场所每平方米用 4.5% 可湿性粉剂 0.9 g，加水稀释 250～300 倍，进行滞留喷洒。防治蚂蚁，每平方米用 4.5% 可湿性粉剂 1.1～2.2 g，加水稀释 250～300 倍，进行滞留喷洒。

使用方法：高效氯氰菊酯主要通过喷雾防治各种害虫，一般使用 4.5% 的剂型或 5% 的剂型 1500～2000 倍液，或 10% 的剂型或 100 g/L 乳油 3000～4000 倍液，均匀喷雾，在害虫发生初期喷药效果最好。

三唑酮

化学名称：1-（4-氯苯氧基）-3,3-二甲基-1-（1H-1,2,4-三唑-1-基）-α-丁酮。

三唑酮为无色固体，熔点 82～83℃，有特殊芳香味，蒸气压 0.02MPa（20℃），0.06MPa（25℃）相对密度 1.22（20℃），KowlogP=3.11，溶解度水 64 mg/L（20℃），中度溶于许多有机溶剂，除脂肪烃类以外，二氯甲烷、甲苯 >200 g/L，异丙醇 50～100 g/L，己烷 5～10 g/L（20℃），酸性或碱性（pH 值为 1～13）条件下都较稳定。pH 值为 3、6、9（22℃）时半衰期超过 1 年。

三唑酮是一种高效、低毒、低残留、持效期长、内吸性强的三唑类杀菌剂。被植物的各部分吸收后,能在植物体内传导。对锈病和白粉病具有预防、铲除、治疗等作用。对多种作物的病害如玉米圆斑病、麦类云纹病、小麦叶枯病、凤梨黑腐病、玉米丝黑穗病等均有效。对鱼类及鸟类较安全。对蜜蜂和天敌无害。三唑酮的杀菌机制原理极为复杂,主要是抑制菌体麦角甾醇的生物合成,因而抑制或干扰菌体附着孢及吸器的发育、菌丝的生长和孢子的形成。三唑酮对某些病菌在活体中活性很强,但离体效果很差。对菌丝的活性比对孢子强。三唑酮可以与许多杀菌剂、杀虫剂、除草剂等现混现用。

毒性: 三唑酮属于低毒性杀菌剂。原药大鼠急性经口LD_{50}为 1000～1500 mg/kg,大鼠经皮LD_{50}>1000 mg/kg。对皮肤有轻度刺激作用,在试验剂量内无致癌、致畸、致突变作用,对鱼类毒性中等,对蜜蜂和鸟类无害。

使用方法:

(1)麦类黑穗病、锈病、白粉病、云纹病等。麦类黑穗病,100 kg种子拌有效成分 30 g(15%可湿性粉剂 200 g)的药剂;对锈病、白粉病、云纹病可在病害初发时,每亩用有效成分 8.75 g(25%乳油 35 g),严重时可用 15 g有效成分(若用 25%乳油,则需 60 g)兑水 75～100 kg喷雾。

(2)玉米、高粱丝黑穗病。防治玉米丝黑穗病,每 100 kg种子用 15%可湿性粉剂 533 g拌种。高粱丝黑穗病,每 100 kg 种子用 15% 可湿性粉剂 266～400 g 拌种。

（3）瓜类白粉病，大田用 25% 可湿性粉剂 5000 倍液喷雾 1～2 次，温室用 25% 可湿性粉剂 1000 倍液喷雾 1～2 次。菜豆类锈病可在发病初期或再感染时，用 25% 可湿性粉剂 2000 倍液喷 1～2 次。

三唑酮又叫粉锈宁、百里通，是第一个广泛应用的三唑类杀菌剂。对白粉病、锈病和黑穗病有特效，因而得名："粉锈宁"。

三唑酮在我国得到广泛的应用，原药和制剂生产厂家较多，开发的制剂种类也多，主要有 15%、20% 乳油，8%、10%、12% 高渗乳油，12% 增效乳油，10%、15%、25% 可湿性粉剂，8% 高渗可湿性粉剂，15% 烟雾剂，以及众多含三唑酮的复配杀菌剂和杀菌杀虫剂、种衣剂。

三唑酮可以茎叶喷雾、处理种子、处理土壤等多种方式施用。

药害：使用时浓度要控制，不能超量使用，否则抑制作物生长，产生药害。

辛硫磷

辛硫磷杀虫谱广，击倒力强，以触杀和胃毒作用为主，无内吸作用，对鳞翅目幼虫很有效。在田间因对光不稳定，很快分解，所以残留期短，残留危险小，但该药施入土中，残留期很长，适合于防治地下害虫。剂型为 50%、45% 辛硫磷乳油，5% 颗粒剂。

毒性：原药毒性稍高于纯品。LD_{50}为2170 mg/kg（雄大鼠经口），1000 mg/kg（大鼠经皮），250 mg/kg（狗经口），250～500 mg/kg（雌猫和雌狗经口），250～375 mg/kg（雌兔经口）。

使用方法：

（1）茎叶喷雾。一般每亩用50%乳油1000～2000倍液，兑水50 L喷雾，防治小麦蚜虫、麦叶蜂、棉蚜、菜青虫、蓟马、黏虫、果树上的蚜虫、苹果小卷叶蛾、梨星毛虫、葡萄斑叶蝉、尺蠖、粉虱、烟青虫等。每亩用50 mL 50%乳油稀释1000倍液喷雾，可防治稻苞虫、稻纵卷叶螟、叶蝉、飞虱、稻蓟马、棉铃虫、红铃虫、地老虎、小灰蝉、松毛虫等。

（2）拌种。用50%乳油100～165 mL，兑水5～7.5 kg，拌麦种50 kg，可防治地下害虫，拌种还可用于玉米、高粱、谷子、花生及其他作物种子。

（3）灌浇和灌心。用50%乳油1000倍液浇灌防治地老虎，15 min后即有中毒幼虫爬出地面。

（4）防治贮粮害虫。将辛硫磷配成1.25～2.5 mg/kg药液均匀拌粮后堆放，可防治米象、拟谷盗等贮粮害虫。

（5）防治卫生害虫。用50%乳油500～1000倍液喷洒家畜厩舍，防治卫生害虫效果好，对家畜安全。

药害：辛硫磷、三唑酮混用拌种对小麦发芽率的影响进行测定，发现辛硫磷与三唑酮混用比三唑酮单用对小麦出芽率的影响更大，随后对辛硫磷种子处理药害进一步研究中发现，辛硫磷拌种能显著抑制小麦、大豆、玉米的发芽率，并推迟发芽时间，拌种后培养6天发芽率抑制15%的拌种浓度（I15）分别为2.47 g/kg、4.38 g/kg和3.89 g/kg。辛硫磷拌种还能显著抑制小麦苗的生长。

矮壮素

矮壮素是一种优良的植物生长调节剂，又称稻麦立。可用于小麦、水稻、棉花、烟草、玉米及番茄等，抑制作物细胞伸长，但不抑制细胞分裂，能使植株变矮，秆茎变粗，叶色变绿，可使作物耐旱耐涝，防止作物徒长倒伏，抗盐碱，又能防止棉花落铃，可使马铃薯块茎增大。

性质描述： 白色结晶。熔点245℃（部分分解）。易溶于水，在常温下饱和水溶液浓度可达80%左右。不溶于苯、二甲苯、无水乙醇，溶于丙醇。有鱼腥臭，易潮解。在中性或微酸性介质中稳定，在碱性介质中加热能分解。

毒性： 按我国毒性分级标准，矮壮素属低毒植物生长调节剂。原粉雄性大鼠急性经口LD_{50}为883 mg/kg，大鼠急性经皮LD_{50}为4000 mg/kg，大鼠1000 mg/kg饲喂2年无不良影响。

用途： 矮壮素其生理功能是控制植株的营养生长（即根茎叶的生长），促进植株的生殖生长（即花和果实的生长），使植株的间节缩短、矮壮并抗倒伏，促进叶片颜色加深，光合作用加强，提高植株的抗旱性、抗寒性和抗盐碱的能力。

矮壮素对作物生长有控制作用,能防止倒苗败苗、控长增蘖、株健防倒、增穗增产。

使用方法:

(1)在辣椒和马铃薯开始有徒长趋势时,在现蕾至开花期,马铃薯用 1600～2500 mg/L 的矮壮素喷洒叶面,可控制地面生长并促进增产,辣椒用 20～25 mg/L 的矮壮素喷洒茎叶,可控制徒长和提高坐果率。

(2)用浓度为 4000～5000 mg/L 矮壮素药液在甘蓝(莲花白)和芹菜的生长点喷洒,可有效控制抽薹和开花。

(3)番茄苗期用 50 mg/L 的矮壮素水剂进行土表淋洒,可使番茄株型紧凑并且提早开花。如果番茄定植移栽后发现有徒长现象时,可用 500 mg/L 的矮壮素稀释液按每株 100～150 mL 浇施,5～7 天便会显示出药效,20～30 天后药效消失,恢复正常。

药害: 植株严重矮化,果枝不能伸展,叶片畸形,出现鸡爪叶,赘芽丛生,果枝节间过短,植株枝叶发脆,容易折断。浸种药害,根部弯曲,幼叶严重不长,出苗推迟 7 天以后,出苗后呈扭曲畸形。矮壮素对双子叶植物易产生药害,对单子叶植物不易产生药害。

磷酸二氢钾

磷酸二氢钾(KH_2PO_4)密封保存,空气中稳定,在 400 ℃时失去水,变成偏磷酸盐,用于配制缓冲液,测定砷、锑、磷、铝和铁，配制磷标准液，配制培养基，测定血清中无机磷、碱性磷酸酶活力。

用途： 磷酸二氢钾属新型高浓度磷钾二元素复合肥料，其中含五氧化二磷 52% 左右，含氧化二钾 34% 左右。农业上用作高效磷钾复合肥；磷酸二氢钾产品广泛适用于各类型经济作物、粮食、瓜果、蔬菜等几乎全部类型的作物，各省均由当地的农业科学院所、土肥站等专家机构针对磷酸二氢钾适用于各类典型作物进行了很多的相关应用实验，通过各地对各类型作物的实际施用效果证明磷酸二氢钾具有显著增产增收、改良优化品质、抗倒伏、抗病虫害、防治早衰等许多优良作用，并且具有克服作物生长后期根系老化吸收能力下降而导致的营养不足的作用。烤烟需磷、钾量大，特别是需钾量大。磷酸二氢钾是用于烤烟的一种较为理想的新型肥料。为了探索磷酸二氢钾在烤烟上的使用价值和施用方法，以提高烟叶品质。磷酸二氢钾用在棉花上能够控制棉花徒长，增加植株花苞数量。磷酸二氢钾广泛运用于滴管喷灌系统中。

有不法分子以硫酸钾、硫酸钠等假冒磷酸二氢钾，使得农民在购买时常常无法辨别真伪。硫酸钾和硫酸钠外观发白，而磷酸二氢钾晶体透明，因此可以从外观上简单识别。

注意事项：

（1）施用时期。土壤中磷、钾比较缺乏的沙土、壤质土，可在整地时底施磷酸二氢钾，播前用磷酸二氢钾溶液浸种，小麦分蘖高峰期、返青起身期、拔节期、孕穗期、灌浆期追施磷酸二氢钾，其中灌浆期必须施用。磷、钾含量较高的中壤和黏质土壤，可用磷酸二氢钾溶液进行浸种，并在返青拔节期、孕穗期、灌浆期追施。

（2）施用浓度。基施，每亩以 8～10 kg 为宜，配合施用 25 kg 尿素，可达到氮、磷、钾配比平衡的目的；浸种，每亩用磷酸二氢钾 200 g 即可；叶面喷洒，每亩每次施用 300～700 g，兑水 40～60 kg，喷洒浓度为 0.8%～1%。

（3）施用方法。施底肥，应把磷酸二氢钾和细土拌匀后，在耕翻时均匀撒施，或将其与氮肥混匀后施，施后耙匀。浸种，应根据所需磷酸二氢钾用量兑水搅匀，使容器中液面高出种子 5 cm，浸种 10 h，捞出晾干后即可播种。叶面喷洒，应在无风晴朗天气的上午 10 时前或下午 4 时后，把配制好的磷酸二氢钾溶液均匀喷洒于叶面。

药害： 磷酸二氢钾超量，叶子部分地方发黄，绿的地方浓绿，叶子向下，部分卷曲，受药害的小麦穗子都在茎秆里头，穗不会露出。

乙烯利

有机化合物，纯品为白色针状结晶，工业品为淡棕色液体，易溶于水、甲醇、丙酮、乙二醇、丙二醇，微溶于甲苯，不溶于石油醚。用作农用植物生长刺激剂。乙烯利是优质高效植物生长调节剂，具有促进果实成熟、刺激伤流、调节性别转化等效应。

作用机制：乙烯利与乙烯相同，主要是增强细胞中核糖核酸合成的能力，促进蛋白质的合成。在植物离层区如叶柄、果柄、花瓣基部，由于蛋白质的合成增加，促使在离层去纤维素酶重新合成，因为加速了离层形成，导致器官脱落。乙烯利能增强酶的活性，在果实成熟时还能活化磷酸酯酶及其他与果实成熟的有关酶，促进果实成熟。在衰老或感病植物中，由于乙烯利促进蛋白质合成而引起过氧化物酶的变化。乙烯利能抑制内源生长素的合成，延缓植物生长。

主要用途：

1. 促进雌花分化

（1）黄瓜苗龄在1叶1心时各喷1次药液，浓度为200～300 mg/kg，增产效果相当显著；浓度在200 mg/kg以下时，增产效果不显著；高于300 mg/kg，则幼苗生长发育受抑制的程度过高，对于提高幼苗的素质不利。经处理后的秧苗，雌花增多，节间变短，坐瓜率高。用以保证植株营养生长和生殖生长对养分的需要，防止植株老化。

（2）西葫芦3叶期用150～200 mg/kg乙烯利溶液喷洒植株，以后每隔10～15天喷1次，共喷3次，可增加雌花，提早7～10天成熟，增加早期产量15%～20%。

（3）南瓜可参照西葫芦进行，3～4叶期叶面喷洒，可大大增加雌花的产生，抑制雄花发育，增加产量，尤其是早熟的产量。但处理效果因品种而有差异。

2. 促进果实成熟

（1）番茄催熟，可采用涂花梗、浸果和涂果的方法。

涂花梗：番茄果实在白熟期，用 300 mg/kg 的乙烯利涂于花梗上即可。

涂果：用 400 mg/kg 的乙烯利涂在白熟果实花的萼片及其附近果面即可。

浸果：转色期采收后放在 200 mg/kg 乙烯利溶液中浸泡 1 min，再捞出于 25℃下催红。

大田喷果催熟：后期一次性采收时，用 1000 mg/kg 乙烯利溶液在植株上重点喷果实即可。

（2）西瓜用 100～300 mg/kg 乙烯利溶液喷洒已经长足的西瓜，可以提早 5～7 天成熟，增加可溶性固形物 1%～3%，增加西瓜的甜度，促进种子成熟，减少白籽瓜。

3. 促进植株矮化

番茄幼苗 3 叶 1 心至 5 片真叶时用 300 mg/kg 乙烯利溶液处理 2 次，控制幼苗徒长，使番茄植株矮化，抗逆性增强，早期产量增加。

4. 打破植物休眠

生姜播种前用乙烯利浸种，有明显促进生姜萌芽的作用，表现在发芽速度快、出苗率高，每块种姜上的萌芽数量增多，由每个种块上 1 个芽增到 2～3 个芽。使用乙烯利浸种时，应严格掌握使用浓度，以 250～500 mg/kg 浓度为适宜浓度，有促进发芽、增加分枝、提高根茎产量的作用。如浓度过高，达 750 mg/kg，则对生姜幼苗的生长有明显抑制作用,表现植株矮小,茎秆细弱,叶片小,根茎小,并导致减产。

药害:用乙烯利催熟缩短了农作物本身自然成熟期,使未达到成熟期的籽粒过早停止生长发育,造成种胚发育不健全,影响发芽率。乙烯利用量过大或使用时间不当均可产生药害。药害发生轻时植株顶部出现萎蔫,植株下部叶片及花、幼果逐渐变黄、脱落,残果提前成熟。药害发生较重时,整株叶片迅速变黄、脱落,果实迅速成熟脱落,导致整株死亡。

有机硅

有机硅即有机硅化合物,是指含有 Si—C 键,且至少有一个有机基是直接与硅原子相连的化合物,习惯上也常把那些通过氧、硫、氮等使有机基与硅原子相连接的化合物也当作有机硅化合物。其中,以硅氧键(—Si—O—Si—)为骨架组成的聚硅氧烷,是有机硅化合物中为数最多、研究最深、应用最广的一类,占总用量的 90% 以上。

可被生物体充分吸收的有机硅广泛存在于植物中,比如小麦、燕麦等谷物类,目前为止,科学家发现硅含量最高的是马鞭草。

用途:有机硅助剂具有良好的展着性、渗透性。在农药的喷施过程中具有增效、省工、节水、省药的特性。有机硅农用喷雾助剂既能帮助提高产量,又能降低农药对环境的不良影响。它能够让喷洒的农用化学品发挥更好的功效，铺展更容易、吸收更快而不易被冲刷下来，具有"耐雨冲刷性"。具体来说，这些助剂可以使含有农药、生长调节剂和其他化学品的溶液更容易渗透植物表面。这种铺展能力意味着，只需很小的喷雾量就可以获得理想的喷雾效果。在喷洒农药时，可节省多达50%的用水。这样既可以减少浪费，又降低了流失到土壤和地下水中的农药量，进而减少了环境中的农药残留。在防治中具有以下的特性：

（1）通过有效的混配可以提高多种农药对高龄幼虫的作用效果。

（2）良好的展着性，促使其可以提高农药的利用率以及有效地减少劳动的次数。

（3）在防治稻飞虱以及果园害虫时，通过张力可以有效地将药剂扩散到稻丛的基部以及没有被农药喷施的叶面的背面等难以喷施到的地方。

（4）较低的扩张性，能促使内吸性杀菌剂和除草剂通过植物叶面的气孔直接扩散到植物叶肉组织里，起到良好的辅助吸收作用。

（5）混配性好，可以与多种农药（杀虫剂、杀菌剂、除草剂、叶面肥、生物肥料）相混配。

药害：有机硅使用超量，可引起药物吸收率增大，易造成其他农药药害。

炔草酯

炔草酯原药为乳白色晶体，熔点39.5～41.5℃，沸点

100℃，蒸气压 2.9 MPa（25℃），相对密度 1.133（25℃），水中溶解度 242 mg/L（25℃），能溶于乙醇、乙醚、丙酮、氯仿等有机溶剂，分解温度 105℃，在强酸强碱条件下分解。

用途：主要用于防除野燕麦、看麦娘、燕麦、黑麦草、普通早熟禾、狗尾草等。

简介：农药流失到环境中，将造成严重的环境污染，有时甚至造成极其危险的后果。

（1）污染大气、水环境，造成土壤板结。流失到环境中的农药通过蒸发、蒸腾，飘到大气之中，飘动的农药又被空气中的尘埃吸附住。并随风扩散。造成大气环境的污染。大气中的农药，又通过降雨，这些农药又流入水里，从而造成水环境的污染，对人、畜，特别是水生生物（如鱼、虾）造成危害。同时，流失到土壤中的农药，也会造成土壤板结。

（2）增强病菌、害虫对农药的抗药性。长时间使用同一种农药，最终会增强病菌、害虫的抗药性。以后对同种病菌、害虫的防治必须不断加大农药的用药量，不然不能达到消灭病菌、害虫的目的。形成恶性循环。

（3）杀伤有益生物。绝大多数农药是无选择地杀伤各种生物的，其中包括对人们有益的生物，如青蛙、蜜蜂、鸟类和蚯蚓等。这些益虫、益鸟的减少或灭绝，实际上减少了害虫的天敌，会导致害虫数量的增加，而影响农业生产。

（4）野生生物和畜禽中毒。野生生物及畜禽吃了含有农药的食物，会造成它们急性或慢性中毒。最主要的是农药影响生物的生殖能力，如很多鸟类和家禽由于受到农药的影响，产蛋的重量减轻和蛋壳变薄，容易破碎。许多野生生物的灭绝与农药的污染有直接关系。

福美双

福美双，又称二硫化四甲基秋兰姆，是一种有机化合物，化学式为 $C_6H_{12}N_2S_4$，为白色结晶性粉末，不溶于水、稀苛性碱、汽油，微溶于乙醇、乙醚，溶于苯、丙酮、氯仿、四氯化碳、二硫化碳、二氯乙烷，与水共热生成二甲胺和二硫化碳，主要用作杀菌剂、杀虫剂、防霉剂、丁腈橡胶等胶黏剂的促进剂、润滑油添加剂、香皂的抑菌剂和除臭剂。

使用方法：

（1）防治麦类立枯病，用50%可湿性粉剂250 g/亩，拌细土15～25 kg，撒施。

（2）防治小麦腥黑穗病、根腐病、秆枯病，大麦坚黑穗病，每50 kg种子用50%可湿性粉剂150～250 g拌种。

（3）防治小麦赤霉病、雪霉叶枯病、根腐病的叶腐与穗腐、白粉病，用50%可湿性粉剂500倍液喷雾。

咯菌腈

化学名称：4-（2,2-二氟-1,3-苯并二氧-4-基）吡

咯 -3- 腈，又称氟咯菌腈、适乐时。

用途： 防治小麦腥黑穗病、雪腐病、雪霉病、纹枯病、根腐病、全蚀病、颖枯病、秆黑粉病；大麦条纹病、网斑病、坚黑穗病；玉米青枯病、茎基腐病、猝倒病；棉花立枯病、红腐病、炭疽病、黑根病、种子腐烂病；大豆、花生立枯病、根腐病（镰刀菌引起）；水稻恶苗病、胡麻叶斑病、早期叶瘟病、立枯病；油菜黑斑病、黑胫病；马铃薯立枯病、疮痂病；蔬菜枯萎病、炭疽病、褐斑病、蔓枯病。适用于小麦、大麦、玉米、棉花、大豆、花生、水稻、油菜、马铃薯、蔬菜等作物。

附录3 本地区小麦常见病害及其防治

小麦赤霉病

多发生在穗期多雨、气候潮湿地区,病麦粒中含有脱氧雪腐镰刀菌烯醇(Deoxynivalenol,DON)、玉蜀黍赤霉烯醇(Zearalenone,ZEN)等多种有害毒素。症状为最初在颖壳上呈现水渍状褐色斑,渐蔓延至整个小穗枯黄,籽粒干瘪,发病后期,在颖壳缝隙处和小穗基部出现砖红色胶质霉层(分生孢子座及分生孢子)。在高湿条件下,霉层处产生蓝黑色小颗粒(子囊壳),受害籽粒小、皱缩,表面有白色或粉红色霉层。苗枯由种子或土壤带菌引起,病苗芽鞘变褐色腐烂,根冠腐烂,病苗黄瘦,最后枯死。气候或土壤潮湿时,枯死苗基部可见粉红色霉层。

病菌越冬后在各种残体上产生子囊孢子为初侵染源。

毒素破坏细胞膜的半渗透性,造成电解质外渗,中毒细胞内有黄褐色颗粒状物质沉积,导致细胞坏死和维管束堵塞,影响水分和养分运输而出现凋萎症状。

低洼、潮湿、排水不良地块发病重,过量施氮肥可加重病害。

1. 防治措施

(1)首次施药时间为扬花期,应于扬花10%～50%

时施药；若穗期高温，小麦边抽穗边扬花应提前至齐穗期施药。

（2）应在雨前施药，如施药关键时期遇雨，应于雨停间隙时喷施，细雨可照常喷施，但药液浓度应提高10%。

（3）正常年份于关键时期施药一次即可，特殊情况：

①品种严重感病。

②首次用药后遇到连续高温、高湿天气。

③生育期不整齐，扬花期持续7天以上。

以上情况下应在首次施药后 5～7 天再喷一次。

2. 有效药剂

（1）50% 多菌灵可湿性粉剂 100 g/亩。

（2）70% 甲基硫菌灵可湿性粉剂 50～80 g/亩。

（3）50% 多菌灵可湿性粉剂 30 g/亩 +40% 戊唑醇可湿性粉剂 20 g/亩。

（4）25% 氰烯菌酯悬浮剂 100～200 mL。

注：药剂兑水量控制在 40 kg 左右，约翰·迪尔 4630 喷药机建议每罐药喷 25 亩地。

小麦根腐病

该病害除了为害小麦根部外，还可以为害植株地上各部位，分别引起根腐、茎基腐、叶枯和穗腐等症状。病株分蘖少，结实率低，种子小。

小麦根腐病自苗期至成株期均可发生，初生根和次生根及茎基部褐色至黑色病斑，根冠褐色。病株黄化，分蘖少，纤细柔弱，穗小。后期根系腐烂，茎基部易折断枯死，或直立枯死。枯死植株青灰色，白穗不实。病株根毛和主根表皮脱落，根冠变黑褐色并黏附土粒。叶片受侵后，病斑初期为梭形小褐斑，扩大后呈椭圆形或较长的不规则形，病斑周围常有黄色晕圈，枯死斑中心黄褐色，外围淡褐色。湿度大时病斑可见霉层（分生孢子梗和分生孢子）。严重时病叶迅速枯死。叶鞘上病斑较大，呈黄褐色。穗部颖壳上的病斑初期褐色，不规则，遇潮湿天气，穗上产生黑色霉状物，穗轴和小穗梗常变色，严重时小穗枯死，病穗种子不饱满，胚部变黑。

带菌种子播后，种子根变黑腐烂，胚芽鞘和地下茎初生浅褐色条斑，后变暗褐色，严重时造成幼芽烂死。出土后的幼苗因地下部分腐烂，也陆续死亡。未死病苗发育延迟，生长衰弱。

病原物为有性态禾旋孢腔菌［*Cochliobolus sativus*（Ito et Kurib.）Drechsl.］、无性态麦根腐双极蠕孢［*Bipolaris sorokiniana*（Sacc.）Shoem.］，病菌以分生孢子在土壤中越冬，或以菌丝体潜伏于种子内外以及土壤中的病残体上越冬。病残体腐烂分解后，菌丝体也随之死亡。

1. 发病因素

（1）种子带菌量。种子菌量大，导致后期发病重。

（2）耕作制度。小麦连作或轮作，使田间积累大量病菌。

（3）土壤。潮湿、干旱土壤均易导致发病，干旱更有利于发病。

（4）播种时间和质量。春小麦播种早或播种过深，幼苗发病重。播种超过 5 cm，幼苗滞留在土壤内时间长，增加感病机会，病情明显加重。

（5）气象因素。苗期遇低温，发病重，成株期气温 18℃以上叶片病害急剧上升。开花期至乳熟期伴有旬平均相对湿度 80% 以上的天气有利于病情发展，干旱同样会加重病情。

（6）寄主抗病性。春小麦品种较易感病。

2. 防治措施

农业防治：提高播种质量，播深不宜过深，适量增施磷肥，促进根系生长，减轻病害。深翻除菌等措施。

化学防治：用福美双、三唑酮、退菌特、多菌灵或代森锰锌浸种。建议使用 20% 三唑酮乳油 +50% 多菌灵可湿性粉剂按种量的 0.2%～0.3% 拌种。发病初期及时喷药。

（1）50% 扑海因可湿性粉剂 75～100 g/亩，兑水 80～100 kg。

（2）70% 菌核净可湿性粉剂 40 g/亩，兑水 40 kg。

（3）20% 三唑酮乳油 40 g/亩，兑水 40 kg。

（4）50% 福美双可湿性粉剂 75～125 g/亩，兑水 65 kg。

小麦全蚀病

主要为害小麦根部和茎基部第一、第二节，苗期至成株期均可发生。幼苗期初生根和根茎变黑褐色，特别是病根中柱部分变黑色。次生根上有大量黑褐色病斑，严重时病斑联合，根系死亡，造成死苗。尚能存活的病苗叶色变浅，基部叶片黄化，植株矮小，病株易自根茎处拔断。潮湿条件下，茎基部1～2节变成褐色至灰黑色（俗称"黑脚"）重病株根基部变黑，抽穗后，根系腐烂，病株早枯，形成"白穗"。发病初期在变色根表面有褐色粗糙的匍匐菌丝。发病后期在潮湿条件下，茎基部表面及叶鞘内侧布满紧密交织的黑褐色菌丝层（俗称"黑膏药"）。病根中柱部分黑色、匍匐菌丝和"黑膏药"是诊断主要依据。高湿度时，在茎基部叶鞘内侧的菌丝层上可以产生疏密不均的黑色子囊壳，呈小粒点状。

病原物为禾顶囊壳小麦变种（*Gaeumannomyces graminis* var. *tritici* J. Walker.）。

1. 发病因素

与多种因素有关。病田连作，在一定时间内病害有逐年加重的趋势，至高峰，此后病情逐年自然下降，作物产量提高，该现象为全蚀病的自然衰退（Take-all decline，TAD）。与土壤中的荧光假单胞菌（*Pseudomonas fluorescens*）有关。缺磷地块发病重，偏碱性土壤有利发病。

2. 防治措施

适当增施有机肥、硫酸铵、氯化铵、过磷酸钙等，提高土壤微量元素含量能明显降低病害。旱作每隔2～3年轮作油菜、大豆等作物。

化学防治：

20% 三唑酮乳油按种子量 0.025%～0.03%（有效成分）拌种；25% 丙环唑乳油按种子量 0.2% 拌种。

特别严重地块可在播种前进行土壤处理。50% 多菌灵可湿性粉剂、50% 硫菌灵可湿性粉剂、50% 苯菌灵可湿性粉剂 2～3 kg，加细干土 20～30 kg 拌土，播前施于播沟中。

秋防：麦苗 3～4 叶时，20% 三唑酮乳油 75～100 mL/亩；15% 三唑酮可湿性粉剂 100 g/亩，喷施兑水 40～50 kg。

春防：12% 三唑醇可湿性粉剂 200 g/亩拌细土 25 kg，顺垄撒施，适量浇水；20% 三唑酮乳油 100 mL/亩 或 15% 三唑酮可湿性粉剂 15 g/亩兑水 100 kg，去除喷头旋片，对准小麦茎基部喷射。

生物防治：荧光假单胞菌、木霉菌等对全蚀病菌有一定抑制作用。将木霉菌施于播种沟内，可使白穗率明显下降。采用荧光假单胞菌制剂浸种，对小麦全蚀病有一定的防病和增产效果。

小麦锈病

小麦锈病危害是多方面的。病菌大量掠夺植株体内的养分和水分，干扰破坏正常的生理功能，使呼吸作用增加，光合作用降低，叶绿素被破坏，光合效率下降，表皮组织受破坏，植株蒸腾量增加，失水严重，最终造成籽粒秕瘦，千粒重和产量降低，品质变劣。

1. 小麦条锈病

主要为害叶片，严重时为害叶鞘、茎秆和穗部。病叶上先形成退绿斑点，后逐渐形成隆起的橘黄色疱疹斑（夏孢子堆）。夏孢子堆较小，椭圆形，鲜黄色，与叶脉平行排列成整齐的虚线条状。后期寄主表皮破裂，散出鲜黄色粉末（夏孢子）。小麦近成熟时，在病部出现较扁平的短线条状黑褐色斑点（冬孢子堆），表皮不破裂。在小麦幼苗叶片上，病菌常以侵入点为中心向四周扩展，形成同心圆状排列的夏孢子堆。

病原物为条形柄锈菌小麦专化型（*Puccinia striiformis* West. f. sp. *tritici* Erik.）。休眠菌丝在病叶中越冬，夏孢子从气孔侵入。

（1）周年循环。

①越夏。越夏是条锈病周年循环的关键。温度界限为20～22℃，存在感病植株情况下，夏季最热月（7—8月）平均温度20℃以下，病菌能顺利越夏，20～22℃越夏困难，超过22℃不能侵染寄主，已被侵染叶片不能正常发病。

②秋苗感染。秋季，越夏菌源随气流远程传播至平原冬麦区，导致秋苗感染。

③越冬。旬平均气温2℃以下，病菌进入越冬阶段。以潜育菌丝在麦叶组织内越冬。呼伦贝尔地区越冬率不高，江淮等地，条锈病菌可在冬季持续侵染蔓延，形成大量菌源，成为翌年北方麦田的菌源基地，这些地区被称为条锈病菌的"冬繁区"。

④春季流行。条锈病菌不能越冬或越冬率极低的地区，以外来菌源为主。发病特点：大面积突然同时发病，病情发展速度远远超过当地当时气候条件所允许量的最大值，田间病叶分布均匀，发病部位多在旗叶和旗下一叶，找不到或很难找到基部病叶向上部和四周叶片蔓延的发病中心。

（2）发病因素。

①品种抗病性。选用对条形病的非小种专化抗病性的品种，其中以高温抗条锈性的品种为主。

②菌源。不能越冬地区，异地菌源通过气流远距离传播侵入本地区，造成中后期病害发生和流行。病菌传播距离可达 800～2400 km，距离菌源地越近发病越重。

③气象因素。本地区病菌越冬率不高，不会因气象因素造成大流行。

（3）防治措施。化学防治是除选择抗病品种外的重要辅助措施。

①发病时喷施 15% 三唑酮可湿性粉剂 7～9 g/亩，兑水 80 kg，喷药 2～3 次。

② 12% 三唑酮可湿性粉剂种量的 0.03% 拌种（超过药量易发生药害，降低出苗率）。

③ 10% 多效唑可湿性粉剂 20 g/亩，兑水 15 kg 喷施，避免幼苗期喷施，尽量在发病初期喷施，超量产生严重药害，影响小麦抽穗。

2. 小麦叶锈病

一般只发生在叶片上，有时也为害叶鞘，很少为害茎秆和穗。受害叶片上产生圆形或近圆形橘红色夏孢子堆，表皮破裂后，散出黄褐色粉末（夏孢子）。叶锈病多发生在叶片正面。有时可穿透叶片，叶片两面同时形成夏孢子堆。后期在叶片背面散生暗褐色至深褐色、椭圆形的冬孢子堆。

病原物为隐匿柄锈菌小麦专化型（*Puccinia recondita* Rob. ex Desm. f. sp. *tritici* Eriksset. Henn.）。叶锈病菌对环境的适应性较强，夏孢子萌发和侵入的最适温度为 15～20℃，对湿度要求不严格，夏孢子在相对湿度95%时即可萌发。

叶锈病菌在播种后的当地自生麦苗上越冬，本地区越冬率不高，但能正常越夏。叶锈病侵入寄主的临界温度为10℃，春季临界温度回升早且多雨，叶锈病发展早且重。

防治措施：同小麦条锈病相似。

3. 小麦秆锈病

在呼伦贝尔地区有分布，主要为害叶鞘、茎秆及叶片基部，严重时麦穗的颖片和芒上也有发生。受害部位产生的夏孢子堆较大，长椭圆形，深褐色，排列不规则，表皮很早破裂并外翻，大量的锈褐色夏孢子向外扩散。小麦成熟前，在夏孢子堆中或其附近产生长椭圆形或长条形的黑色冬孢子堆，后期表皮破裂。发生在叶片上的孢子堆穿透能力较强，导致同一侵染点叶片两面均出现孢子堆，且叶背面的孢子堆一般比正面的大。

小麦三锈病的症状可概括为"条锈成行叶锈乱，秆锈是个大红斑"。秆锈病和叶锈病的主要区别在于两者孢子堆穿透叶片的情况不同，前者孢子堆穿透能力较强，每个侵入点均导致叶正反两面出现孢子堆，且叶背面孢子堆较正面的大；后者孢子堆偶尔可穿透叶片，叶背面孢子堆小于正面。另外，在幼苗叶片上，条锈病菌孢子堆有多重轮生现象，最外围为退绿环；而叶锈病菌的孢子堆则为多点同时侵入的同龄孢子堆。显微镜下，加一滴浓盐酸，条锈病菌孢子原生质收缩成数个小团，而叶锈病菌孢子则收缩成一个大团。

病原物为禾柄锈菌小麦专化型。小麦秆锈病菌夏孢子不耐寒冷，本地区气候条件下不能顺利越冬。

防治措施：防治小麦秆锈病以种植抗病品种为主要措施。多数抗病品种为小种专化性抗病品种，在推广种植时应根据当地病菌生理小种的组成，注意抗源的多样化和合理布局。

附录4 本地区小麦常见虫害及其防治

地下害虫

蛴螬俗称壮地虫、白土蝉等，鞘翅目金龟甲总科幼虫的统称。蛴螬食性杂，为害麦类作物，食害播下的种子或咬断幼苗的根、茎，咬断处断口整齐，本地区主要分布有大黑鳃金龟、暗黑鳃金龟、铜绿丽金龟等。

金针虫俗称节节虫，成虫俗称扣头虫，鞘翅目叩甲科幼虫统称。成虫在地上存活时间短，只为害麦类作物的幼叶，而幼虫长期在地下存活，咬食地下种子，食害胚乳，咬食幼苗须根、主根或茎的地下部分，一般受害苗主根很少被咬断，被害部位不整齐而成丝状，咬食后的伤口还易造成病菌感染引起腐烂和植物病害。本地区主要分布沟金针虫、宽背金针虫等。

蝼蛄俗称拉拉蛄、土狗子，直翅目蝼蛄科。为害严重的主要为两种：华北蝼蛄和东方蝼蛄。蝼蛄为最活跃的地下害虫，成虫、若虫均为害严重。咬食作物种子和幼苗，特别喜食刚发芽的种子，也咬食幼根、嫩茎，扒成乱麻状或丝状，蝼蛄在土壤表层善于爬行，往来乱窜，隧道纵横，造成种子架空，不能发芽，幼苗吊根失水干枯而死。俗话说："麦苗怕蝼蛄窜，一窜就是一大片"。

附录4 本地区小麦常见虫害及其防治

麦根蝽又称麦土蝽,半翅目,土蝽科,成虫、若虫在土中刺吸作物根部汁液。

1. 虫情发生环境

(1) 长期未耕作的土地地下害虫较多。

(2) 虫情轻重与作物种类有关,小麦田金针虫害严重。

2. 土壤理化性质

地下害虫喜欢中等偏低的地下温度,土中为害活动最适宜温度为15~20℃,春秋为害中,夏季为害轻。蛴螬的发生淤泥地虫量高于壤土地。沟金针虫喜生于有机质较少而土质较为疏松的粉沙壤土中。

另外靠近林地的地块蛴螬类发生较重。

3. 防治措施

(1) 种子处理。

① 甲拌磷 5 g/亩。

② 50%辛硫磷乳油用量为种子量的0.1%。

③ 40%乐果乳油用量为种子量的0.2%。

药剂稀释5%~10%,用喷雾器均匀喷拌于种子上,堆闷6~12 h。

(2) 土壤处理。可药剂拌土施入,也可直接使用药剂颗粒撒施,还可与种肥混拌。

① 50%辛硫磷乳油250~300 mL/亩。

② 4.5%甲敌粉粉剂1.5~2.5 kg/亩。

(3) 毒饵诱杀。一般用于诱杀蝼蛄。

① 40%乐果乳油。

② 40%甲基异柳磷乳油。

用药量为饵料重量的1%，适量水稀释，然后拌入炒香的麦麸、豆饼等饵料中，1.5～2.5 kg/亩。

多食性害虫

1. 地老虎

俗称土蚕，鳞翅目夜蛾科，农作物重要害虫。其中以小地老虎分布最广，本地区常有黄地老虎与小地老虎混合发生。高龄幼虫可将幼苗近地表部位咬断。

防治措施：

（1）春播前进行春耕、细耙。清除田内杂草。

（2）利用黑光灯、糖醋液等在发生期进行大量诱杀。

（3）药剂防治。

①毒土、毒砂。75%辛硫磷、50%甲拌磷等乳剂以1∶（300～1000）拌土，20～25 kg/亩撒施防治幼虫。

②喷粉。2% 1605粉、4%甲敌粉1.5～2.5 kg/亩。

③喷雾。48%乐斯本乳油1500倍液或50%辛硫磷1000倍液进行地面喷施，或用80%敌百虫乳油500～800倍液在作物幼苗与杂草上喷施。

④毒饵诱杀。麦麸、豆饼等炒香，用50%甲胺磷、50%对硫磷按诱饵量1%药量加10%水，傍晚顺垄撒于地面，4～5 kg/亩。

2. 黏虫

黏虫又称行军虫、剃枝虫等，鳞翅目夜蛾科。典型的食叶性害虫，1～3龄食叶肉成小孔，3龄后蚕食叶片形成缺刻，5～6龄暴食期，叶片全部食光，穗部咬断，造成绝产。

防治技术：

（1）诱杀成虫。每亩设置100个糖醋酒诱杀盆。

（2）诱卵和采卵。成虫产卵初期，每亩插小谷草10把诱卵，2天换一次。

（3）药剂防治。

① 2.5%敌百虫粉、5%马拉松粉、3.5%甲敌粉等1.5～2.5 kg/亩。

② 90%敌百虫1000倍液、48%乐斯本乳油1500倍液、50%辛硫磷1500倍液等，以上药剂均杀天敌。

③ 虫口密度低，发现早时用20%灭幼脲1号胶悬剂10～20 μL/L和25%灭幼脲3号胶悬剂50～100 μL/L喷雾。

3. 东亚飞蝗

蝗虫俗称蚂蚱，直翅目蝗总科。东亚飞蝗是蝗虫灾害中发生最严重的种类。蝗虫是农林牧业的大害虫，严重时可达3300头/m^2，经常发生及适合发生飞蝗的地区称为蝗区，而飞蝗迁入后不能定居繁殖的地区称为扩散区。

东亚飞蝗嗜食禾本科和莎草科杂草及作物，一般不取食双子叶植物。成虫和蝻咬食叶片和嫩茎，大发生时将作物食成光秆或全部食光，造成颗粒无收。

防治技术：

（1）改造蝗区。

①兴修水利。疏通河道、稳定水位。

②垦荒种植。开垦荒地，整田改土，精耕细作，从而改变小气候和植物种类，改变蝗虫食物。

③保护利用天敌。引进如线虫、微孢子虫等。

④农林牧渔综合开发。有条件的可大搞综合开发，减少蝗区面积。

（2）药剂防治。严格防治适期和指标，狠治夏蝗，扫清残蝗，减少秋蝗虫源基数。

①药剂封锁。50%马拉硫磷或甲基对硫磷乳油100～150 mL/亩，在农田周边超低容量喷雾，药带宽20 m。

②喷药灭蝗。地面防治，40%乐果乳油、40%久效磷乳油、40%甲基异柳磷乳油等100 mL/亩。飞机喷药可用75%马拉硫磷乳油与2.5%溴氰菊酯乳油1∶1混合，20～40 mL/亩。

③毒饵诱杀。将麦麸100份、清水100份、90%氧化乐果0.15份混合，1～1.5 kg/亩（以干料计），在蝗虫取食前均匀撒布。毒饵随配随用，不宜过夜，阴雨、大风和气温过高过低时不宜使用。

4. 草地螟

草地螟又称网锥额野螟、黄绿条螟。鳞翅目螟蛾科。草地螟幼虫食性极广，嗜食甜菜、豆科植物等，食物缺乏时，杨树、柳树等幼树也可受害，初孵幼虫在叶背剥食叶肉，2～3龄幼虫群居心叶为害，3龄后食量大增，可将叶片食光。大发生时，每株受害作物上的幼虫几十头至100余头，多可达450头，每平方米草地有虫700余头，多可达6000余头。造成成片死亡，4～5龄暴食期后，如食物缺乏，可成群迁移，攀爬墙壁，故有"二黏虫"之称。

（1）化学防治。防治适期应掌握在幼虫3龄前。2.5%溴氰菊酯乳油、20%杀灭菊酯乳油等3000～5000倍液，或50%辛硫磷乳油800倍液50～60 kg/亩，或1.5% 1605粉1.5 kg/亩喷粉。

（2）封锁虫源防止幼虫迁移。在受害严重田块周围挖沟或喷洒药带，以封锁地块，阻止幼虫迁移为害。

5. 蟋蟀

常为害农作物的蟋蟀有花生大蟋、黄脸油葫芦、迷卡斗蟋、多伊棺头蟋。直翅目蟋蟀科。油葫芦为本地区主要防治对象。蟋蟀杂食性害虫，成虫、若虫都能为害麦类的幼苗及林木幼苗的茎、叶，造成严重缺苗断垄。有时还可为害果实种子，造成减产。

防治技术：

（1）毒饵诱杀。

糠麸毒饵：炒过的麦麸或米糠50 kg加90%敌百虫500 g，加水5 kg左右，于闷热的傍晚，在各洞穴的松土堆上放一花生大小的毒饵，或撒施在洞穴附近。

瓜菜毒饵：用南瓜或蔬菜叶作饵料，先切碎，50 kg瓜菜拌入90%晶体敌百虫500 g，2.5 kg/亩。

（2）堆草诱杀。利用油葫芦喜栖居于薄层草堆的习性，田间堆约10 cm厚小草堆，20～50堆/亩，诱集成虫和若虫，于早晨进行捕杀。若在小草堆中放入毒饵，效果更好。

（3）人工捕杀。蟋蟀发生季节进行人工捕杀。

6. 多食性害虫的综合防治

（1）农业措施。兴修水利、垦荒种植、作物合理化布局，做到合理密植精细化管理施肥灌水。

（2）生物防治。多食性害虫绝大多数种类暴露为害，自然天敌种类多，数量大，应充分加以保护利用。还应在微生物制剂改良和使用植物源农药方面进行大力推广应用。

（3）诱杀。诱杀黏虫、地老虎等成虫，诱杀小地老虎等的幼虫，还可诱杀蛾类所产的卵。

（4）药剂防治。用50%马拉硫磷乳油100～150 mL/亩进行药剂封锁，配合大田喷施，初龄幼虫用3.5%甲敌粉、1.5%乐果粉喷粉，虫龄大时用40%乐果乳油、50%马拉硫磷乳油喷雾。

（5）毒饵诱杀。撒施毒饵时间以傍晚为宜，当药械不足或植被稀疏时使用该方式。

附录5 小麦种子田管理方案

选地

（1）要求选择整地良好、土壤质量好的地块进行种植。

（2）选择距离主要田间道路畅通无阻，便于种、管、收展示和检验。

（3）最好有自花作物的适当隔离条件，防止异常气候、自然灾害等造成的串花（生物混杂）。

整地

（1）上一年整地深度要达到 30 cm，地块表层不得有残余根茬，清除田边杂草，地表平整，土壤上虚下实。

（2）播种前保证播种土地状态，达不到要求的及时进行整地。

（3）播前施用有机肥（有条件的农场）。

播种

（1）要求集中连片，独立地块，地块内不得种植其他品种。

（2）统一采用清理后的播种机，播前对播量精调，播种深度控制在压后 4 cm，不得出现漏播现象。

（3）播后，要严格统计出苗情况。

施肥

（1）种子田适当增施磷肥。

（2）种子田分蘖期追施尿素 200 g/亩。

（3）扬花期后追施磷酸二氢钾 100 g/亩。

病虫害防治

（1）每天对种子田进行观察，是否有病虫害迹象。

（2）发现病虫害及时进行诊断、防治。

（3）严防周围地块病害传染入种子田。

（4）防病虫害喷药时，严格按标准执行，种子田禁止增加喷药次数或加大药量。

提纯

（1）在拔节期进行去劣、去杂草工作。

（2）抽穗前进行2次去杂。

（3）在抽穗期后扬花期前进行去异、去劣工作，去除异类品种。

（4）必要时人工授粉。

收获

（1）小地块特殊品种可采用人工收获。

（2）机械收获时对所有机械进行清理后再收获。

（3）运输中密封，严防混杂。

（4）进场院至出场院，种子必须24 h处于隔离状态下。

（5）第二年再次耕种的种子田，应进行倒茬轮作。